工程爆破导爆管起爆网路图谱集

刘国祥　著

北　京
冶 金 工 业 出 版 社
2013

内 容 提 要

本书分为上、下两集共 108 幅图谱。上集为无保险回路集，包括：无保险回路程控毫秒延时全程多响起爆篇，无保险回路程控毫秒延时全程单、双响起爆篇，无程控四通组网毫秒延时全程多响起爆篇以及井巷掘进爆破工程篇。下集为有保险回路集，包括：有保险回路的程控回路毫秒延时全程多响起爆篇，有保险回路程控回路毫秒延时全程单、双响起爆篇，无程控回路四通组网毫秒延时全程多响起爆篇以及废弃构筑物拆除爆破篇。

本书不仅可作为公路路堑开挖爆破工程、水电开挖爆破工程、各类矿山地表开挖工程、地下探采爆破工程的爆破工程设计人员、爆破现场施工技术人员的工具书，还可供爆破工程相关专业的学生参考。

图书在版编目（CIP）数据

工业爆破与爆管起爆网路图谱集 ／ 刘国祥著．—北京·冶金工业出版社，2013.10
ISBN 978-7-5024-6416-5

Ⅰ．①工… Ⅱ．①刘… Ⅲ．①爆破—导爆管—起爆—爆破网路—图集 Ⅳ．①TB41-64

中国版本图书馆CIP数据核字（2013）第243868号

出 版 人　谭学余
地　　址　北京北河沿大街嵩祝院北巷 39 号，邮编 100009
电　　话　(010) 64027926　电子信箱　yjcbs@cnmip.com.cn
责任编辑　杨秋奎　美术编辑　彭子赫　版式设计　彭子赫　责任校对　卿文春　责任印制　牛晓波
ISBN 978-7-5024-6416-5
冶金工业出版社出版发行；各地新华书店经销；北京博海升彩色印刷有限公司印刷
2013 年 10 月第 1 版，2013 年 10 月第 1 次印刷
297mm×210mm；7.75 印张；257 千字；114 页
198.00 元
冶金工业出版社投稿电话：**(010)64027932**　投稿信箱：**tougao@cnmip.com.cn**
冶金工业出版社发行部　电话：**(010)64044283**　传真：**(010)64027893**
冶金书店　地址：北京东四西大街 46 号 (100010)　电话：**(010)65289081(兼传真)**
（本书如有印装质量问题，本社发行部负责退换）

前　言

　　导爆管起爆技术问世近一个世纪，至今尚无可供工程爆破行业绘制起爆网路图的行业标准。各爆破企业的起爆网路图的绘制各行其是，造成导爆管起爆网路技术无法深度开发和交流推广，这使导爆管网路与电爆网路相比并没有明显的优越性。在城市实施爆破工程，为降低爆破个别飞石的初速度，将爆区表面利用钢板覆盖、砂袋镇压、网具笼罩起来。这道工序还得必须在导爆管起爆网路敷设完毕后实施，使本来就不可确定的准爆概率又增加了几分不可确定性。由此可见，现在被广泛采用的几种导爆管起爆网路已无法满足城市中实施爆破工程的需要。昂贵的电子雷管会加大爆破施工成本，故此亟待开发抗破坏的导爆管起爆网路，即带保险回路的导爆管起爆网路。

　　《工程爆破导爆管起爆网路图谱集》的创编，只有为导爆管起爆网路的各种起爆元件设计好了形象代号后才能进行。如同文章与文字的关系一样，没有文字，什么文章也做不成。同样没有被广泛认同的起爆元件代号，什么导爆管网路也开发不出来。有了组合导爆管起爆网路的元件代号，爆破工程师才会突破粗放、简单、落后的导爆管起爆网拘泥和束缚。开发出适宜各种爆破规模、各种爆破环境和各种地质地形条件的，既安全又可靠的带保险回路的导爆管起爆网路图谱。

　　本书分为"无保险集"和"有保险集"，共八篇计108幅导爆管起爆网路图谱。无保险集与有保险集中都编有："全程单段单响导爆管起爆网路图谱"、"全程单段双响导爆管起爆网路图谱"、"全程单段多响导爆管起爆网路图谱"。其中"起爆程序孔外（孔内）控制回路将带多层保险回路的爆破主回路控制成与主临空面呈V形的（斜线形）全程单段单响（双响、多响）导爆管起爆网路图谱"富有近100%准爆率。只要相同爆破作用炮孔最小抵抗线方位角一致、倾角相等、爆破主炮起爆雷管完好，导爆管起爆网路可延绵数千米至数十千米，也不必担心网路会发生串段、重段影响爆破效果不良因素发生，或发生区域性拒爆事故。即使在实施覆盖工序对将网路造成严重机械性损伤，部分导爆管失去传爆功能，保险回路依旧能将上段传来的爆源及起爆时序向下一段准确传导。不仅保证本条爆破主回路正常起爆，同时保证后续网路正常控爆、传爆、起爆。

　　本书的图谱中炮孔多数以正方形网格配置。只有正方形网格才会适应规模化工业生产，当孔距排距、几横几纵得到确定后，很快就配置成炮孔矩形阵列。正方形网格不仅炮孔定位快，而且炮孔的位置、炮孔的最小抵抗线、炮孔方位角、炮孔倾角等精度容易保证。与主临空面呈V形和斜线形起爆网路，在爆破进行时起爆程序控制回路便将正方形网格控制成孔距两倍于最小抵抗线，三角形最佳起爆路径。正方形网格是带保险回路的导爆管起爆网路起爆程序控制的理论基础，即横向为等差奇偶数列起爆程序控制回路衍生的常数数列群，纵向从低段位到高段位，同段位雷管成列布置，便组合成纵向数列群。将两组常数数列群垂直相贯便形成矩形阵列。本书中很多带保险回路的导爆管起爆网路是根据导爆管起爆网路的起爆程序控制理论创建开发的。

　　本书中设有使用说明，作为读者的导读工具。另外多数图谱中设有图示作为导读提示，与此同时又将每一药包爆炸时序的计算结果标注其周边。读者可通过起爆时序也可判定起爆雷管的段位。每幅图谱不仅仅作为导爆管起爆网路敷设的指导文件，还可供电子雷管数码起爆网路编码参考。

　　由于作者水平所限，书中错误和疏漏之处，恳请广大读者和同行指教。

刘国祥

2013年6月

使 用 说 明

由于爆破行业没有建立一套完整的关于导爆管起爆网路图的绘制标准，各种爆炸元件的替代图形尚无系统规定。为了使本图谱集在爆破行业顺畅的推广，特编制本使用说明。

1. 爆炸元件替代色彩、图形的规定见表1。

表1　第一毫秒系列塑料导爆管雷管及附件图示明细表

段别	ms1	ms2	ms3	ms4	ms5	ms6	ms7	ms8	ms9	ms10	ms11	ms12	ms13	ms14	ms15	ms2	导爆管	四通	击发笔
形色	○	◓	◓	◓	◓	◓	◓	◓	●	◓	◓	◓	◓	◓	◓	◁	▭	△	⊗
延时/ms	0	25	50	75	110	150	200	250	310	380	460	550	650	760	880	起爆程序控制回路或击发雷管采用毫秒延时 ms3、ms4 等			

2. 表1中彩色小圆、三角形、三色小鼓不仅具有表中的表明含义，还表示炮孔位置及所有炮孔间相关关系。本书中所有炮孔全部为正方形布置，起爆网路图谱多数与主临空面呈V形或斜线形起爆网路，这样便将正方形网格起爆主回路控制成宽孔距两倍于最小抵抗线最佳的三角形起爆路径。正方形网格布孔定位快、孔位、最小抵抗线方位角、炮孔倾角精度容易保证。

3. 根据爆破工程类别，再到拟爆破地点做基本勘察。依据勘察结果确定爆破主临空面，一个主临空面便采用V形起爆网路图；两个临空面的拟爆地点便采用斜线形起爆网路；爆破作业环境较为简单的拟爆地点便采用微差多爆网路；爆破作业环境复杂或特别复杂拟爆地点便采用微差单、双爆网路，并据此在本书中检索与拟爆工地相匹配的起爆网路图谱。再根据检索的起爆网路图谱，实际而主动地进行拟爆工程的起爆网路图的设计，克服以往根据炮孔实际钻凿情况进行被动的敷设起爆网路。

4. 爆破设计时依据起爆网路图谱的起爆形式，确定孔距、最小抵抗线、炮孔位置、走向与炮孔的倾角等爆破参数。

5. 敷设网路时，首先从起爆击发笔开始，从低段位到高段位，或逐段叠加。以网路图为指南，顺藤摸瓜逐一找到每个炮孔应该装配起爆雷管的段位。由专人将雷管分配到相应的炮孔位置，装药人员在操作过程中再依据起爆网路图进行二次核对。

6. 敷设起爆网路时，必须按照爆破工程技术人员设计的起爆网路图认真操作，避免接错回路，影响爆破效果甚至引发爆破事故。

7. 本书中有关的术语定义如下：

(1) 主临空面：与炮孔平行或接近平行的临空面。

(2) 起爆程序：爆破主回路的先后起爆顺序。

(3) 孔外程控回路：地表串接形式导爆管雷管所形成控制起爆顺序。

(4) 孔内程控回路：炮孔内起爆雷管串接形式控制起爆顺序的回路。

(5) 爆破主回路：附有起爆药包功能的单向导爆管路。

(6) 保险回路：敷设一条与爆破主回路相平行的导爆管路。

(7) 程控回路：毫秒延时雷管匹配控制回路形成的毫秒延时间隔。

(8) 毫秒延时全程多响：在同一毫秒延时间隔内起爆三个药包或三个以上药包。

(9) 毫秒延时全程双响：在同一毫秒延时间隔内起爆两个药包。

(10) 毫秒延时全程单响：在同一毫秒延时间隔内起爆一个药包。

(11) 非程控回路：传导爆源过程中对其所导爆的爆破主回路延时不产生影响的回路。

(12) 四通的作用：爆源的导入、导出，雷管的导爆管（图1）。

(13) 击爆雷管或起爆程序控制回路雷管连接捆绑如图2所示。

(14) 击爆或起爆程序控制回路雷管代号如图3所示。

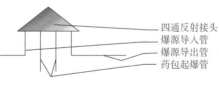

四通反射接头
爆源导入管
爆源导出管
药包起爆管

图1　四通反射接头结构图形代号

击发雷管导爆管
被起爆雷管导爆管
雷管聚能穴
捆绑材料胶布

传爆方向

图2　簇联网路击爆雷管与被击爆雷管导爆管绑扎示意图

击爆雷管代号
雷管聚能穴代号
击爆雷管导爆管代号

图3　击爆雷管或起爆程序控制回路传爆雷管图形代号

目　　录

上集　无保险回路集

第一篇　无保险回路程控毫秒延时全程多响起爆篇

第二篇　无保险回路程控毫秒延时全程单、双响起爆篇

第三篇　无程控四通组网毫秒延时全程多响起爆篇

第四篇　井巷掘进爆破工程篇

下集　有保险回路集

第五篇　有保险回路的程控回路毫秒延时全程多响起爆篇

第六篇　有保险回路程控回路毫秒延时全程单、双响起爆篇

第七篇　无程控回路四通组网毫秒延时全程多响起爆篇

第八篇　废弃构筑物拆除爆破篇

上集　无保险回路集

ms3 孔外单程控制回路将爆破主回路控制成与主临空面呈波浪式毫秒延时全程单段多响导爆管起爆网路图谱

001 号

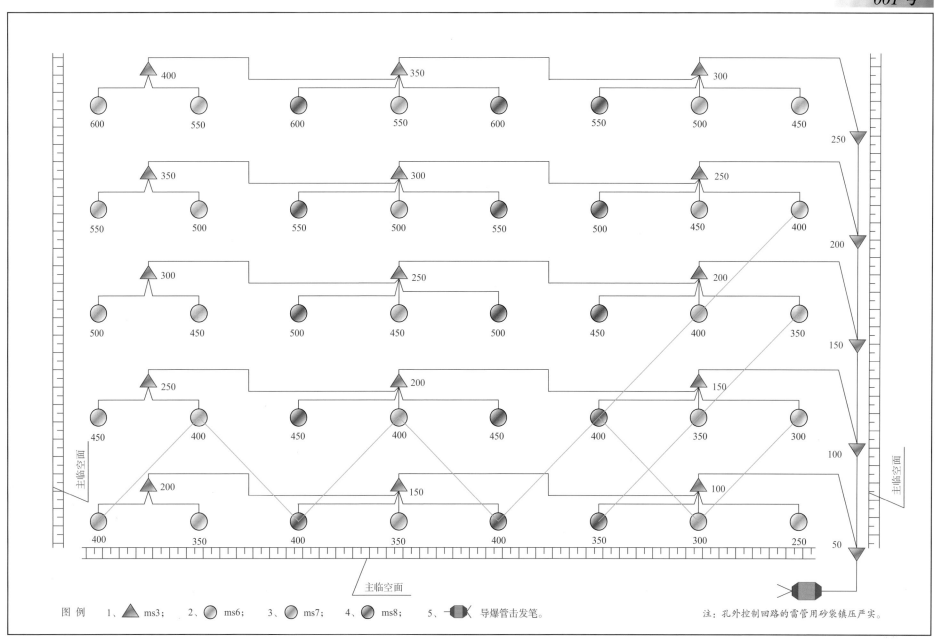

图例　1、▲ ms3；　2、⬤ ms6；　3、⬤ ms7；　4、⬤ ms8；　5、▭ 导爆管击发笔。　　注：孔外控制回路的雷管用砂袋镇压严实。

ms3 孔内程控回路将爆破主回路控制成与主临空面呈 V 形毫秒延时全程单段多响导爆管起爆网络图谱

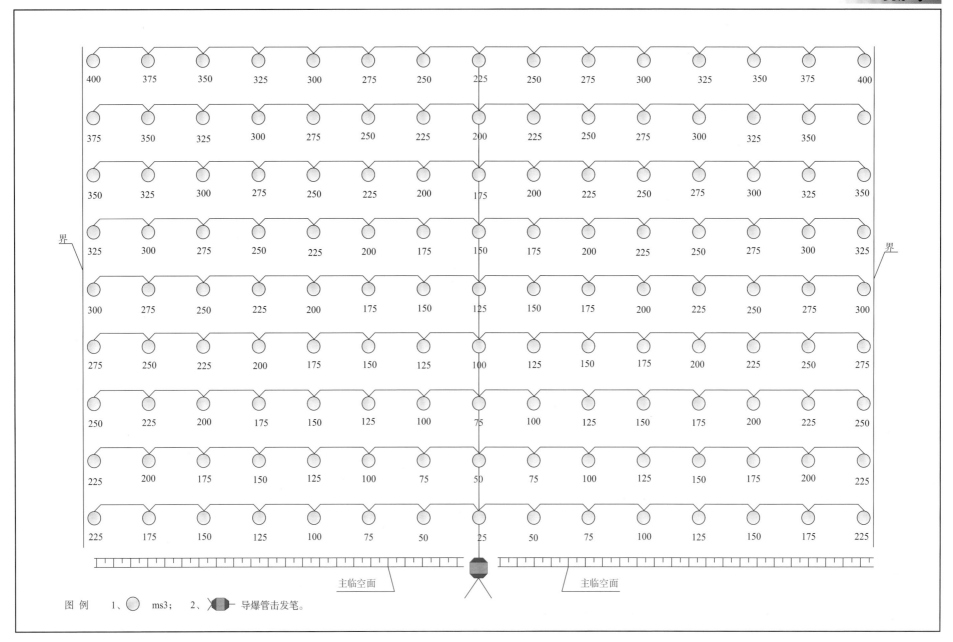

图 例　1、⊙　ms3；　2、◇▦—导爆管击发笔。

隧道入口段 U 形槽拉堑工程孔内程控回路将爆破主回路控制成与主临空面呈 V 形毫秒延时全程单段四响导爆管起爆网路图谱

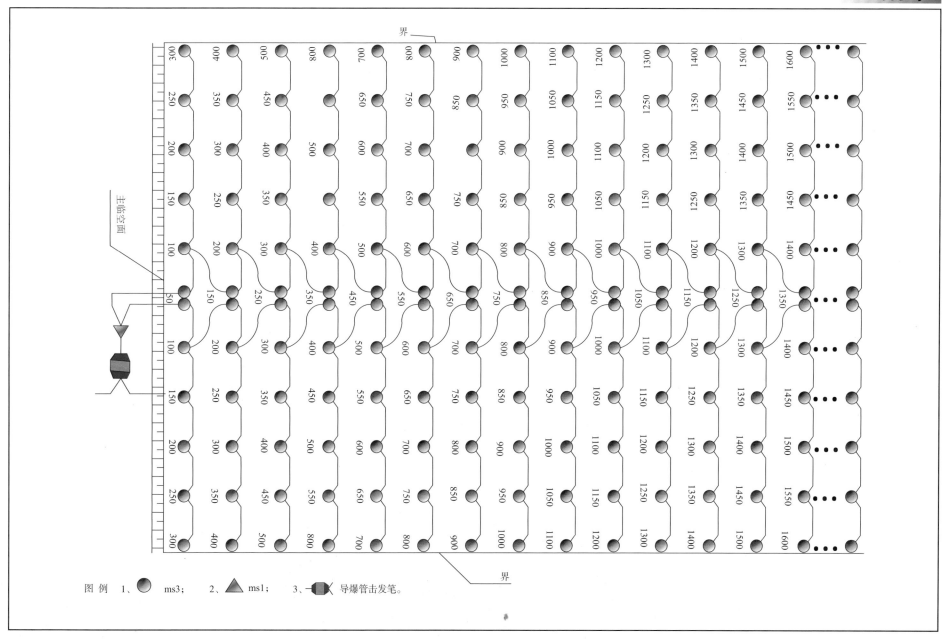

图例　1、⬤ ms3；　2、▲ ms1；　3、◄█► 导爆管击发笔。

隧道开挖工程明挖部分炮孔布置与程控回路将爆破主回路控制成与主临空面呈 V 形毫秒延时全程单段多响起爆网路集成并貌图

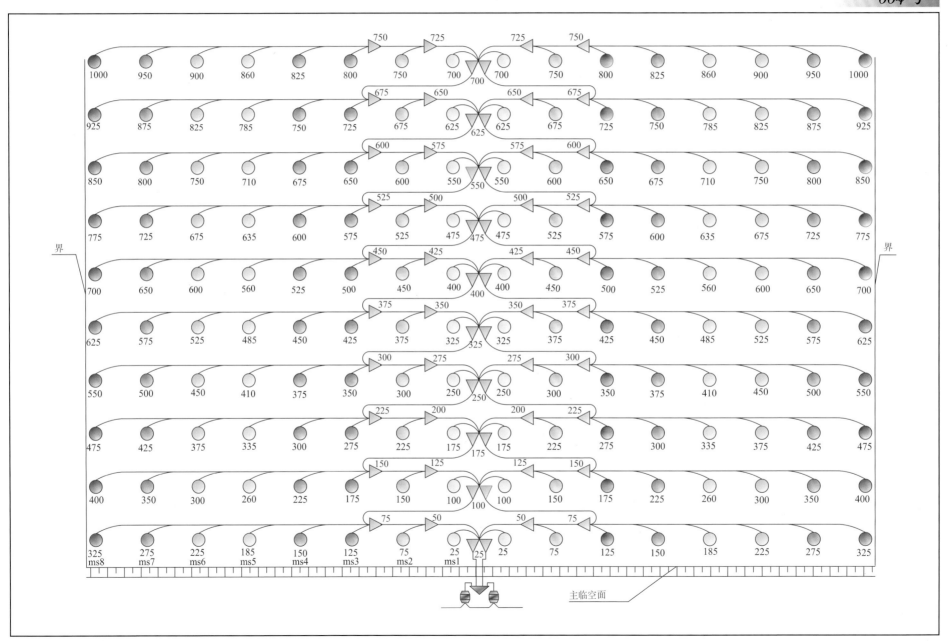

福州机场高速路堑全断面开挖爆破孔外单程控制回路将单程爆破主回路控制成与主临空面呈 V 形

毫秒延时全程单段多响导爆管起爆网路图谱

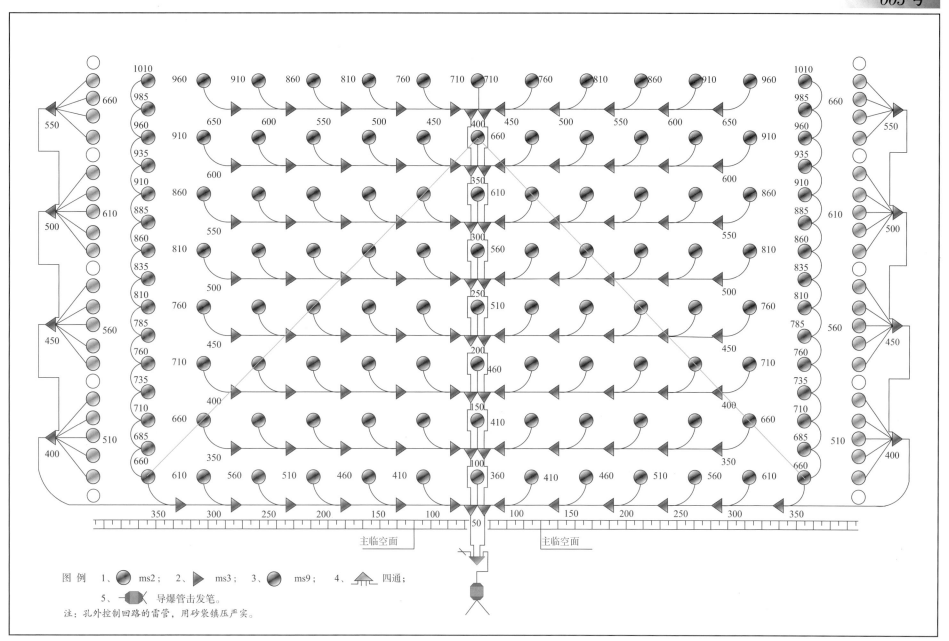

图 例　1、⬤ ms2；　2、▶ ms3；　3、⬤ ms9；　4、⌂ 四通；
　　　5、◧ 导爆管击发笔。
注：孔外控制回路的雷管，用砂袋镇压严实。

ms3 孔外程控回路将爆破主回路控制成与主临空面呈 V 形毫秒延时全程单段多响导爆管起爆网路图谱

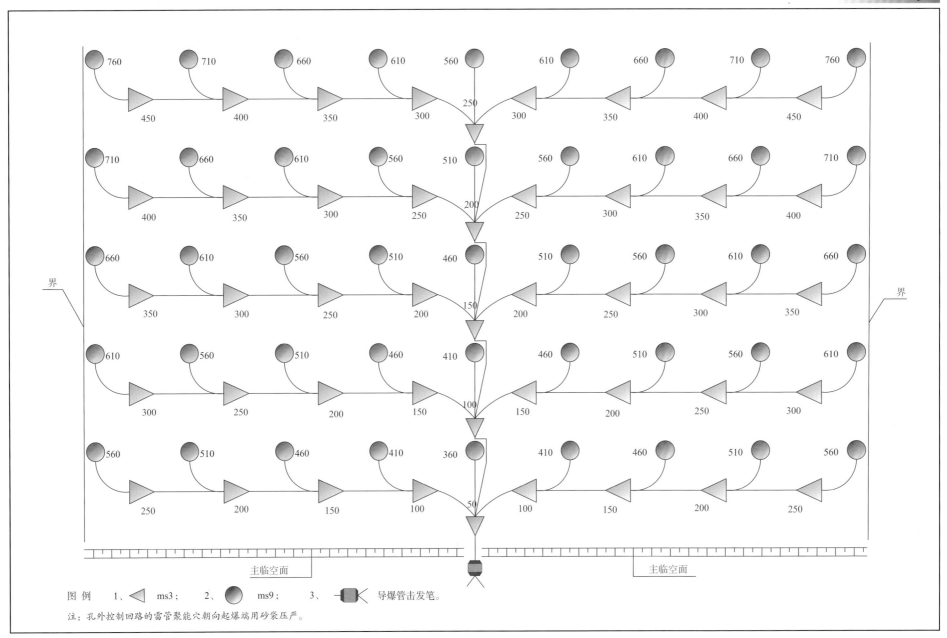

图 例　　1、◁　ms3；　　2、● ms9；　　3、▭◁ 导爆管击发笔。

注：孔外控制回路的雷管聚能穴朝向起爆端用砂袋压严。

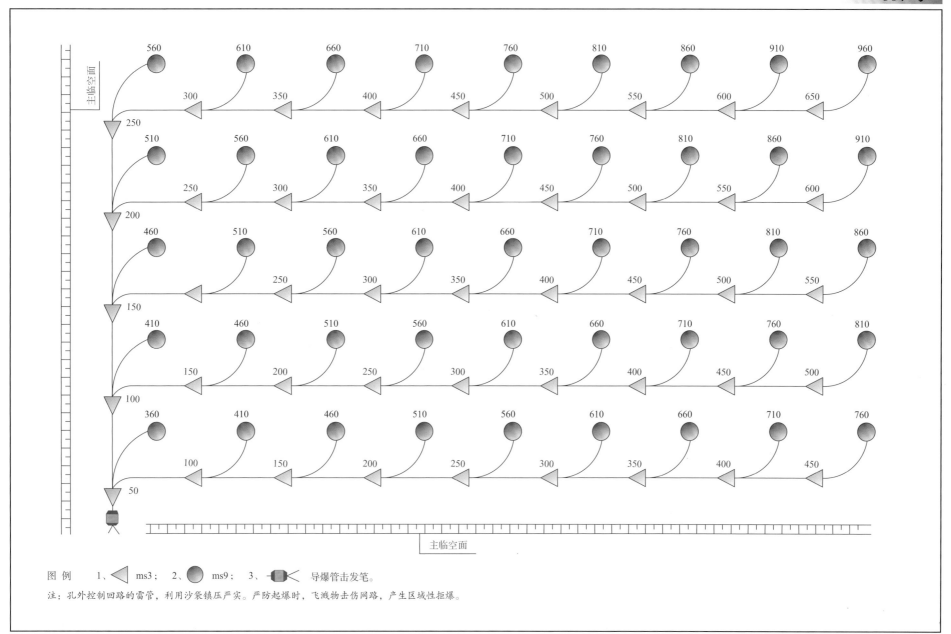

图例　1、◁ ms3；　2、● ms9；　3、◖◗◁ 导爆管击发笔。

注：孔外控制回路的雷管，利用沙袋镇压严实。严防起爆时，飞溅物击伤网路，产生区域性拒爆。

ms2 孔外程控单回路将爆破主单回路控制成与主临空面呈斜线毫秒延时全程逐孔单段单响导爆管起爆网路图谱

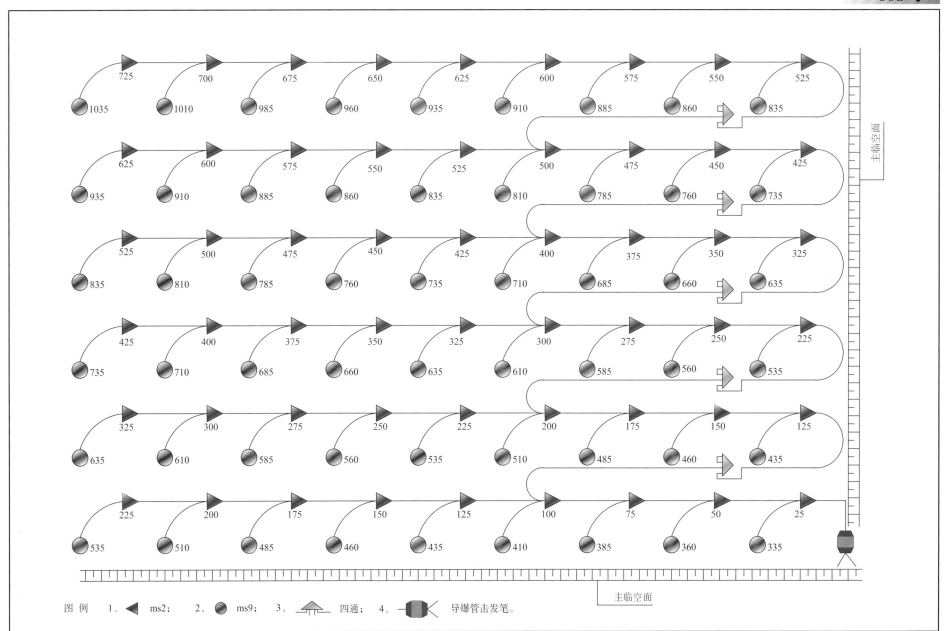

图 例　　1、◀ ms2；　　2、● ms9；　　3、四通；　　4、导爆管击发笔。

ms3 孔外程控单回路将爆破主单回路控制成与主临空面呈 V 形毫秒延时全程单段多响导爆管起爆网路图谱

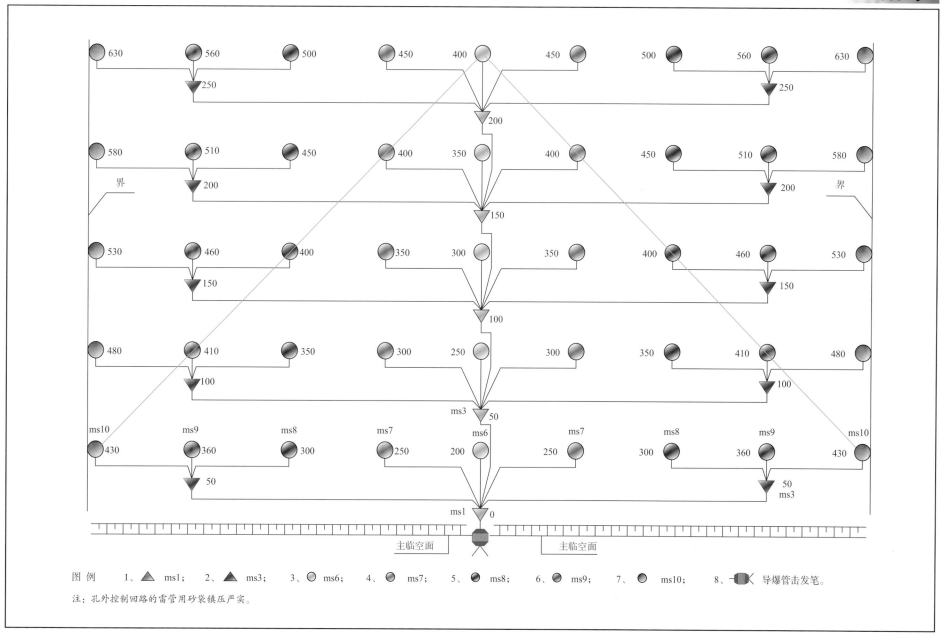

图例　　1、▲ ms1；　　2、▲ ms3；　　3、◯ ms6；　　4、◯ ms7；　　5、◯ ms8；　　6、◯ ms9；　　7、◯ ms10；　　8、◼ 导爆管击发笔。

注：孔外控制回路的雷管用砂袋镇压严实。

ms3 孔外程控单回路将爆破主单回路控制成与主临空面呈对角斜线毫秒延时全程单段多响导爆管起爆网路图谱

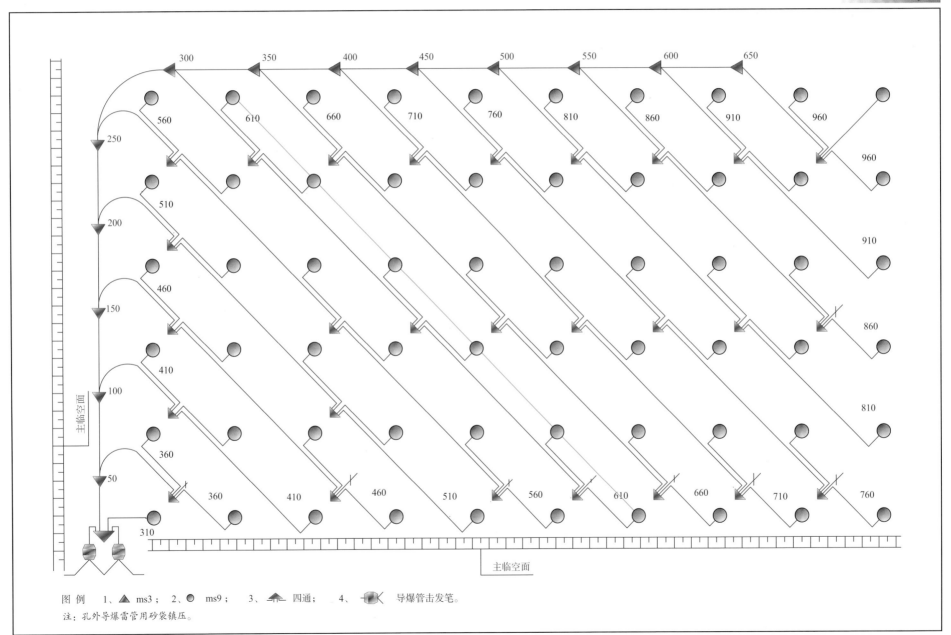

图 例 1、▲ ms3 ； 2、● ms9 ； 3、◀ 四通 ； 4、◀ 导爆管击发笔。

注：孔外导爆雷管用砂袋镇压。

正倾主临空面岩层凿竖直炮孔 ms3 孔内单程控制回路将单程爆破主回路控制成与主临空面呈斜线毫秒延时全程单段多响导爆管起爆网路图谱

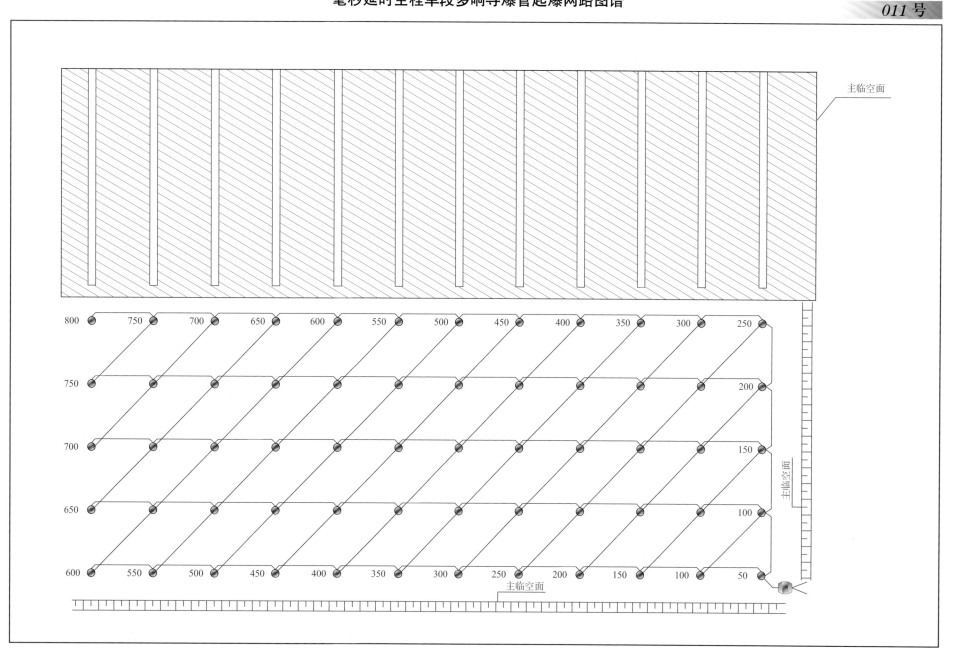

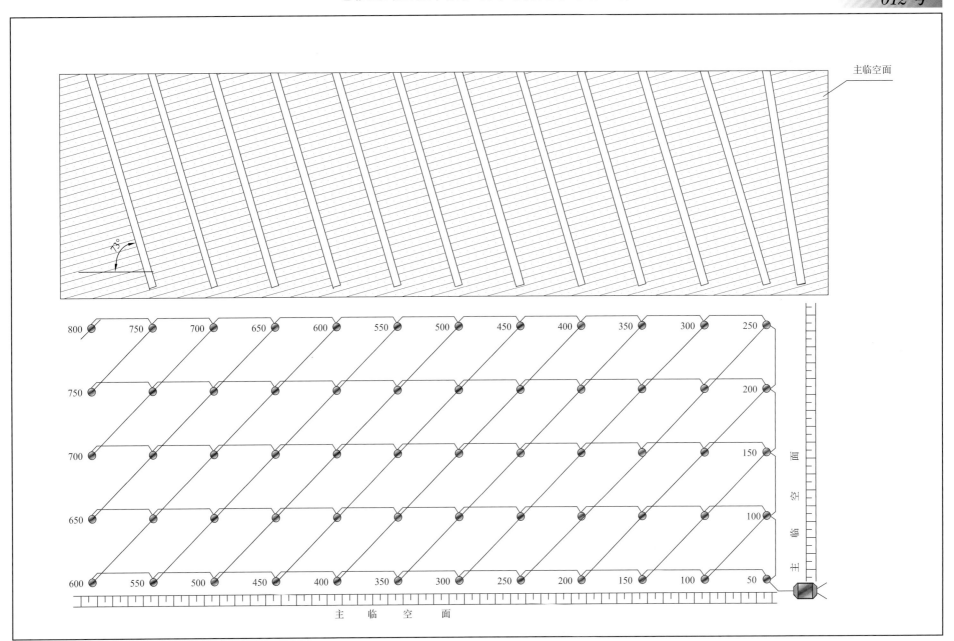

台阶爆破法 ms3 孔外单程控制回路将单程爆破主回路控制成与主临空面呈连级斜线毫秒延时全程单段多响导爆管起爆网路图谱

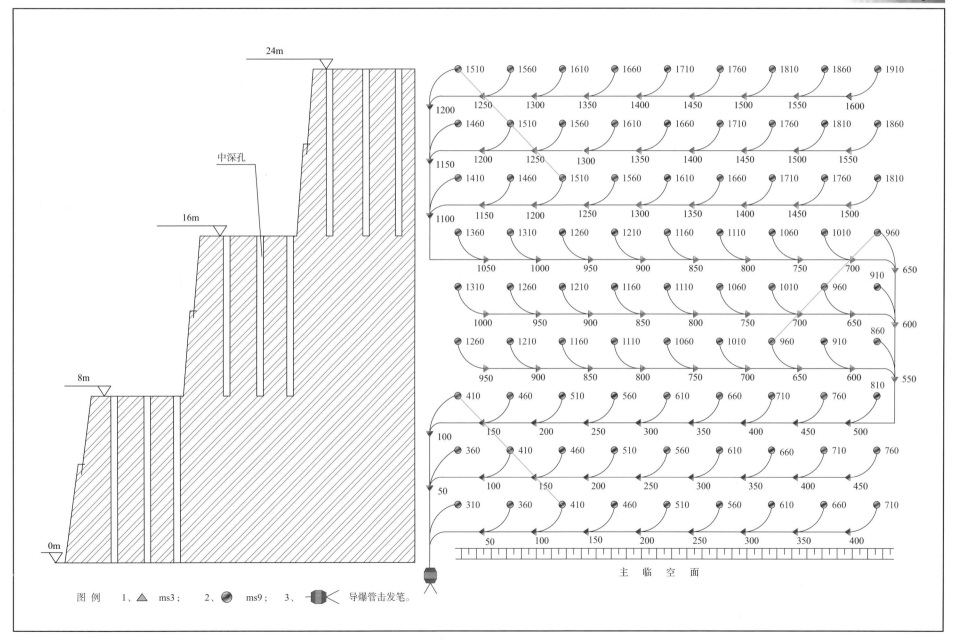

图例　1、△ ms3 ；　2、⬤ ms9 ；　3、◼ 导爆管击发笔。

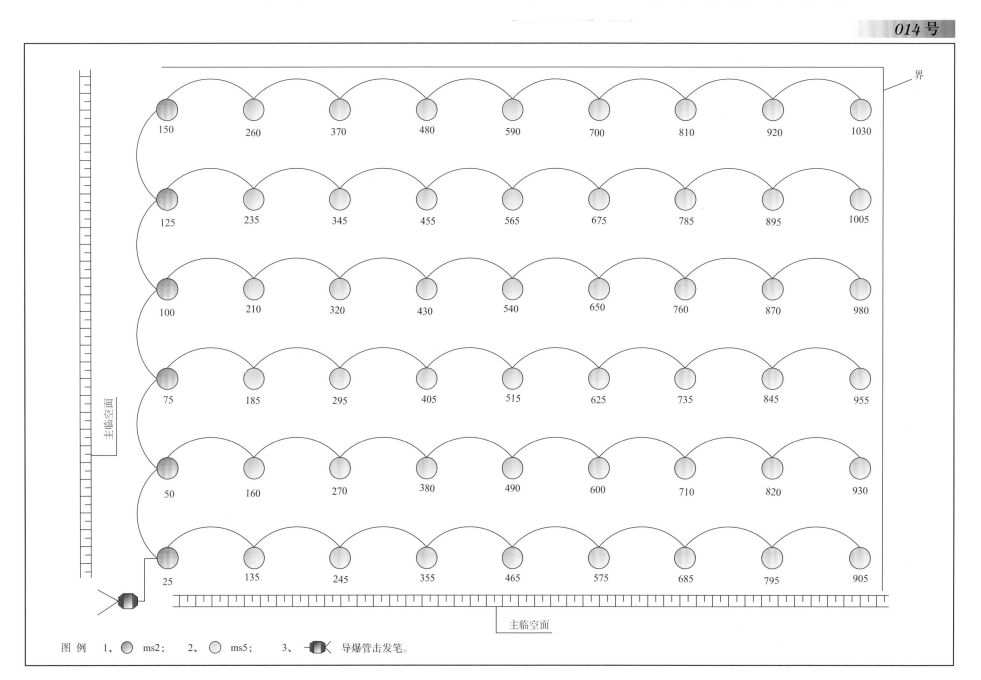

图例　1、⬤ ms2；　2、◯ ms5；　3、▣ᘉ 导爆管击发笔。

ms2 孔外单程控制回路将单程爆破主回路控制成与主临空面呈逐孔斜线毫秒延时全程单段单响导爆管起爆网路图谱

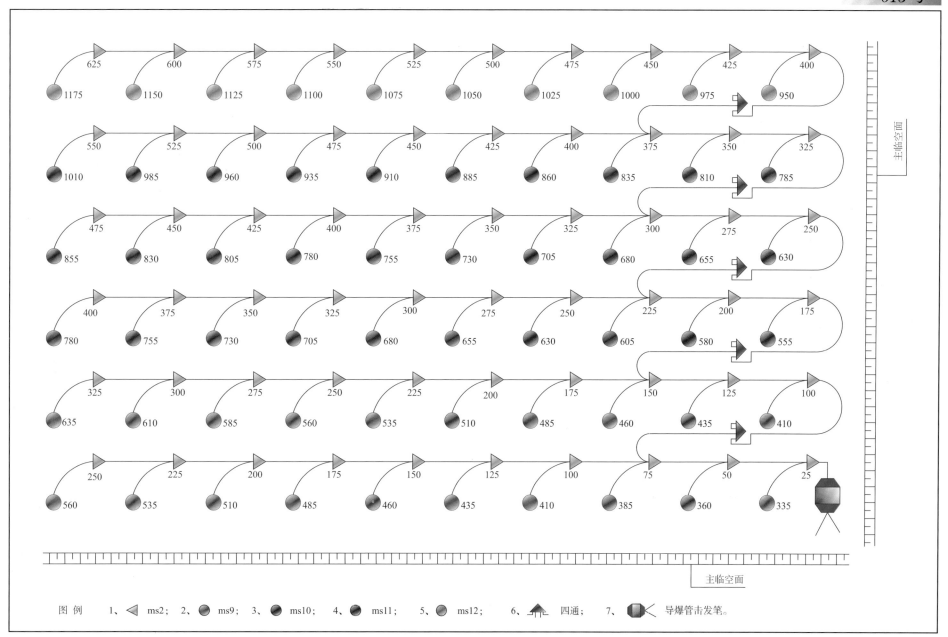

图例　1、◁ ms2；　2、● ms9；　3、● ms10；　4、● ms11；　5、● ms12；　6、▲ 四通；　7、◧ 导爆管击发笔。

ms2 孔外单程控制回路将单程爆破主回路控制成与主临空面呈斜线毫秒延时全程单段单响导爆管起爆网路图谱

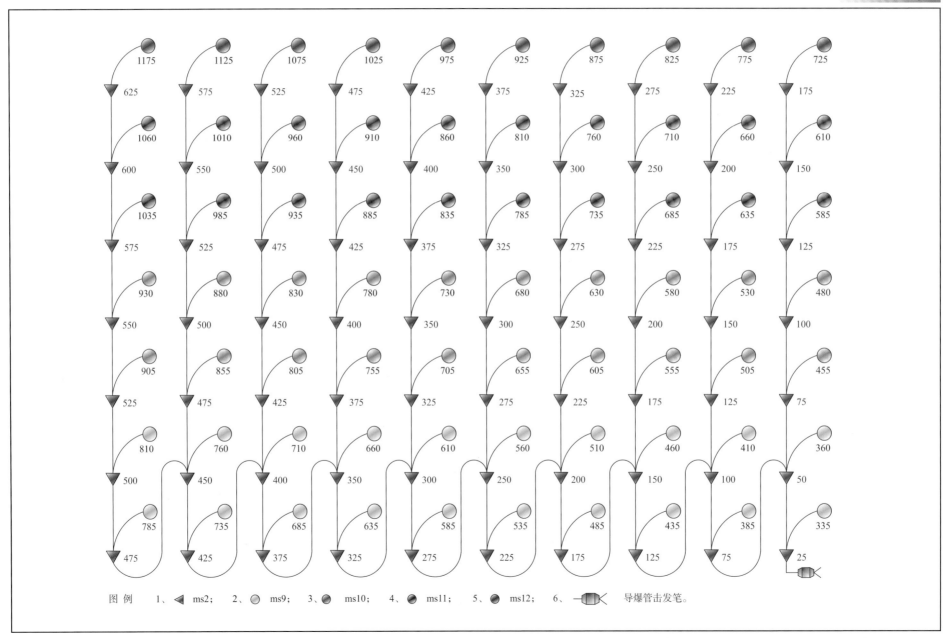

图 例　　1、◀ ms2；　2、◯ ms9；　3、◉ ms10；　4、◉ ms11；　5、◉ ms12；　6、▬◀ 导爆管击发笔。

ms4 孔内单程控制回路将单程爆破主回路控制成与主临空面呈 V 形毫秒延时全程单段双响导爆管起爆网路图谱

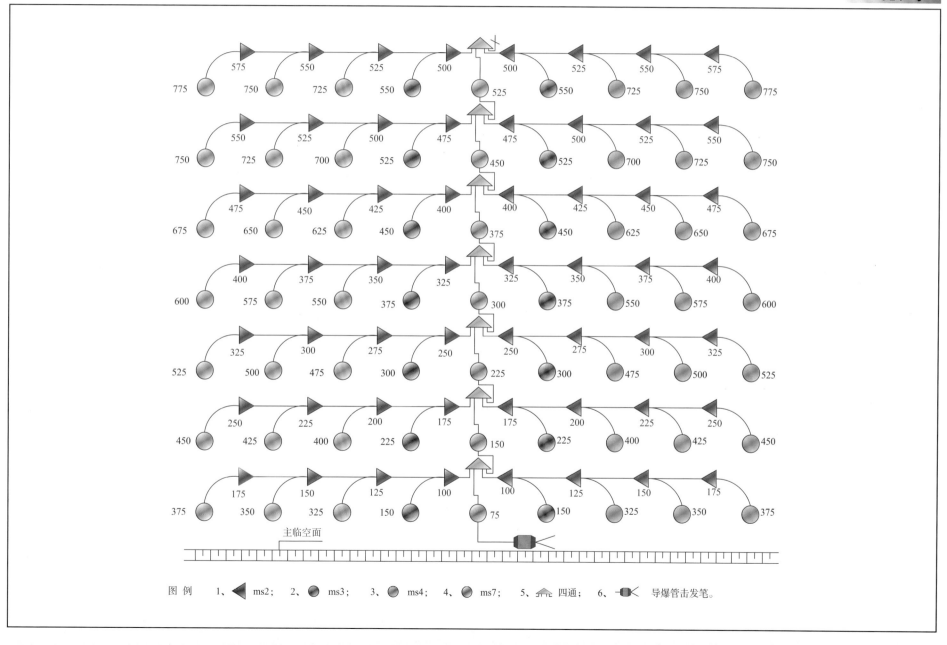

图 例　　1、◀ ms2;　　2、● ms3;　　3、● ms4;　　4、● ms7;　　5、四通;　　6、导爆管击发笔。

ms3 孔外单程控制回路将单程爆破主回路控制成与主临空面呈逐孔斜线毫秒延时全程单段单响导爆管起爆网路图谱

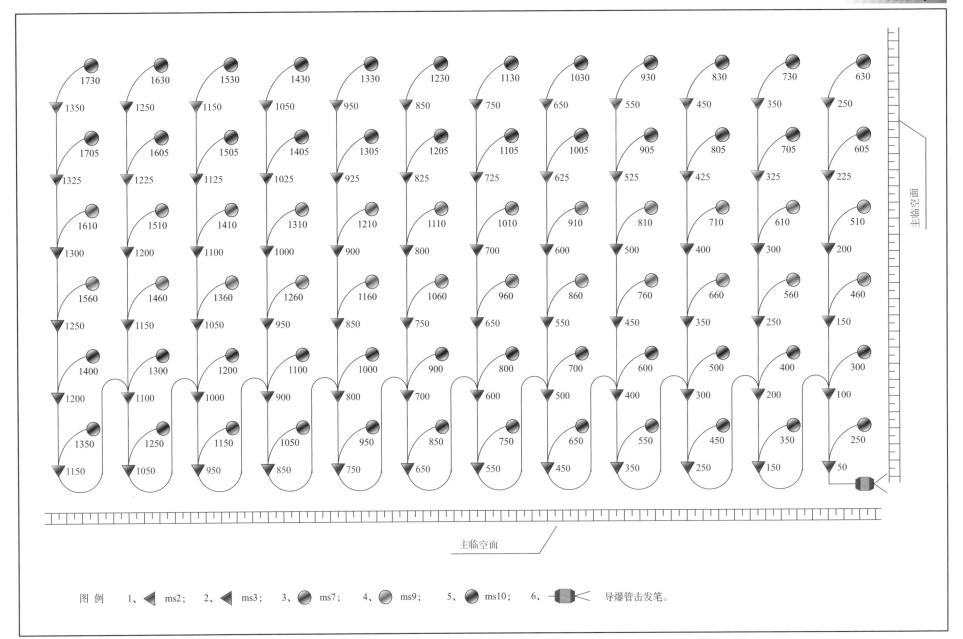

图例　1、◀ ms2；　2、◀ ms3；　3、● ms7；　4、● ms9；　5、● ms10；　6、▬◀ 导爆管击发笔。

ms2 孔外单程控制回路将单程爆破主回路控制成与主临空面呈 V 形毫秒延时全程单段双响导爆管起爆网路图谱

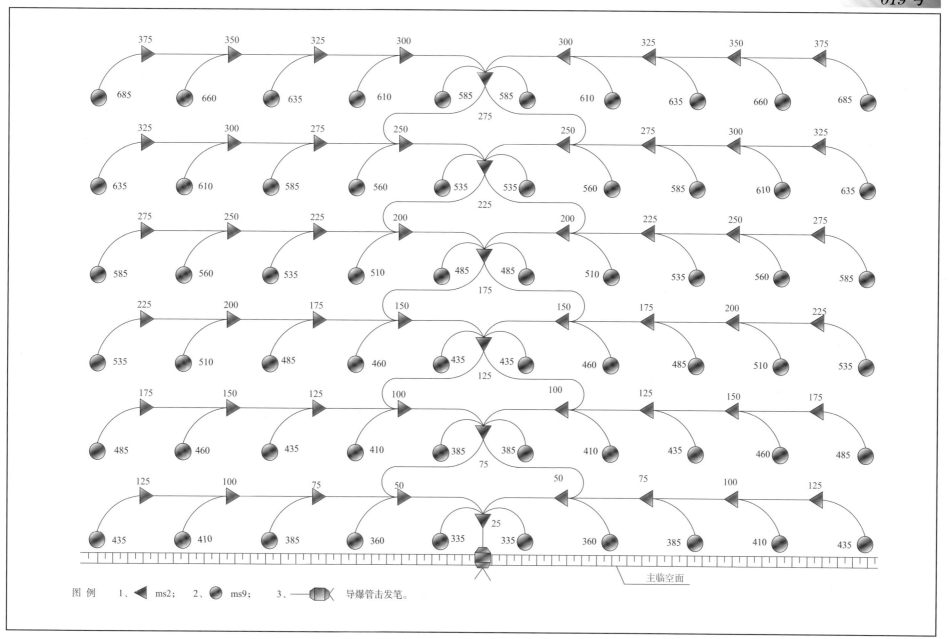

图 例　　1、◀ ms2；　2、● ms9；　3、▭ 导爆管击发笔。

ms5 孔内单程控制回路将单程爆破主回路控制成与主临空面呈 V 形毫秒延时全程单段单响导爆管起爆网路图谱

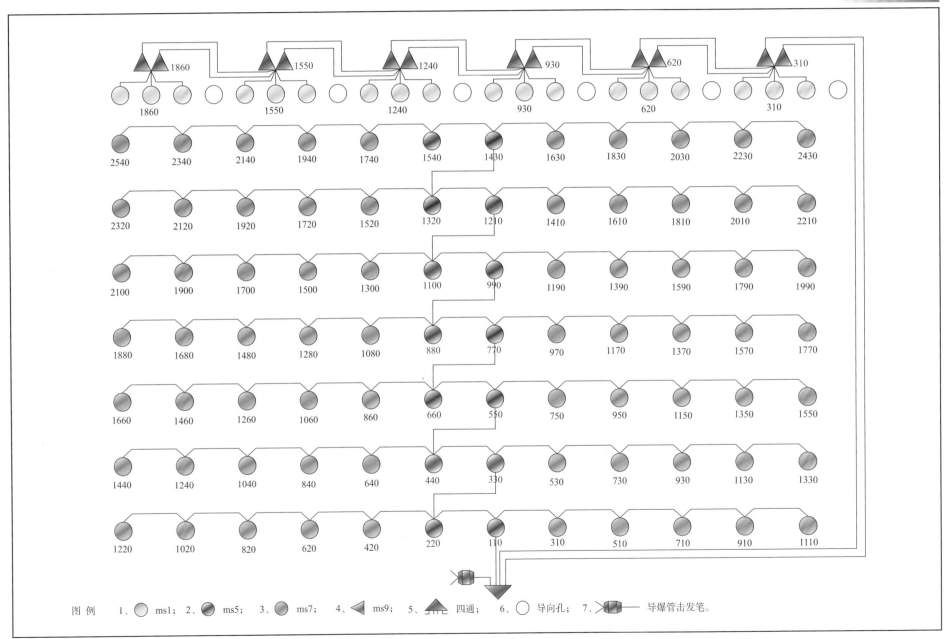

图 例　1、◯ ms1；　2、◯ ms5；　3、◯ ms7；　4、◀ ms9；　5、▲ 四通；　6、◯ 导向孔；　7、▷◼ —— 导爆管击发笔。

ms4 单程控制回路将 ms5 单程爆破主回路控制成与主临空面呈对角正等侧斜线毫秒延时全程单响导爆管起爆网路图谱

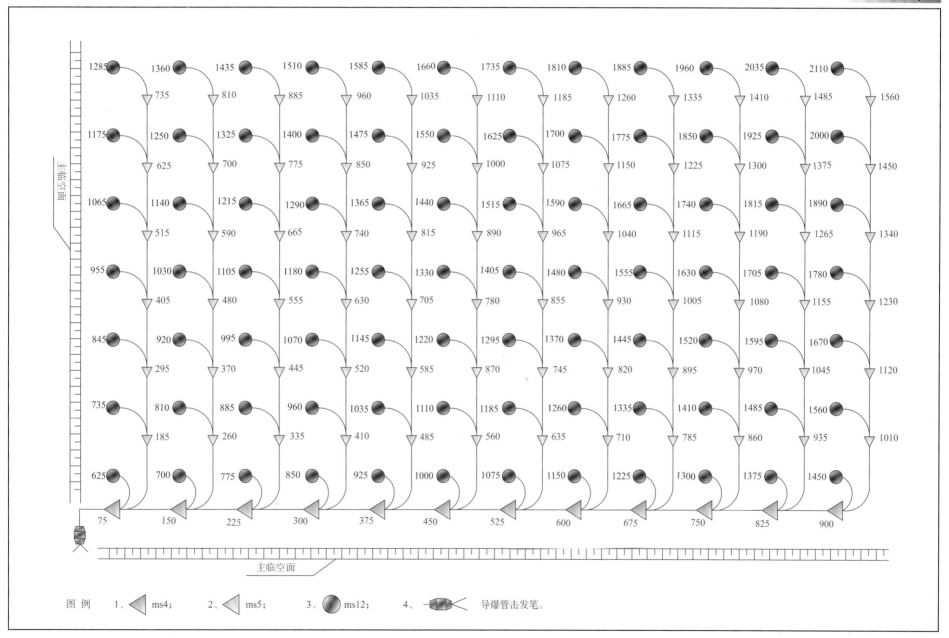

图 例　1、◁ ms4；　2、◁ ms5；　3、● ms12；　4、▱◁ 导爆管击发笔。

ms2 孔外单程控制回路将单程爆破主回路控制成与主临空面呈逐孔斜线毫秒延时全程单段单响导爆管起爆网路图谱

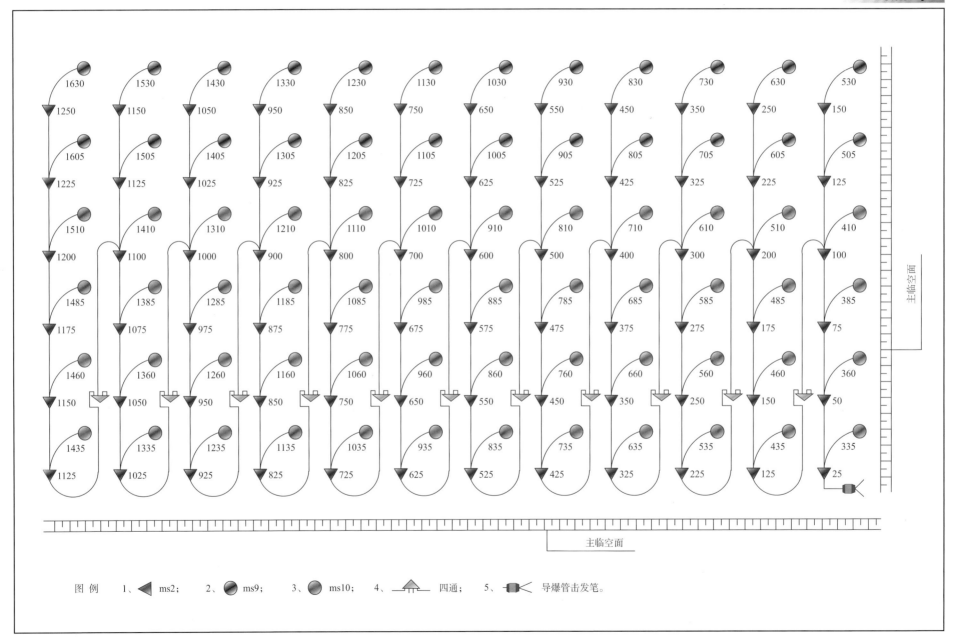

图 例　1、◀ ms2；　2、● ms9；　3、● ms10；　4、⌂ 四通；　5、导爆管击发笔。

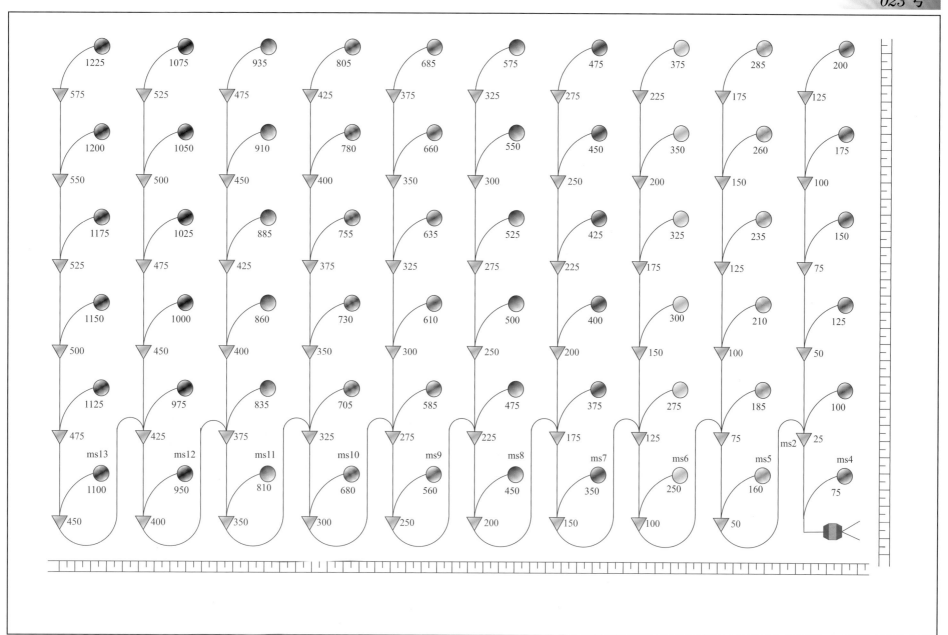

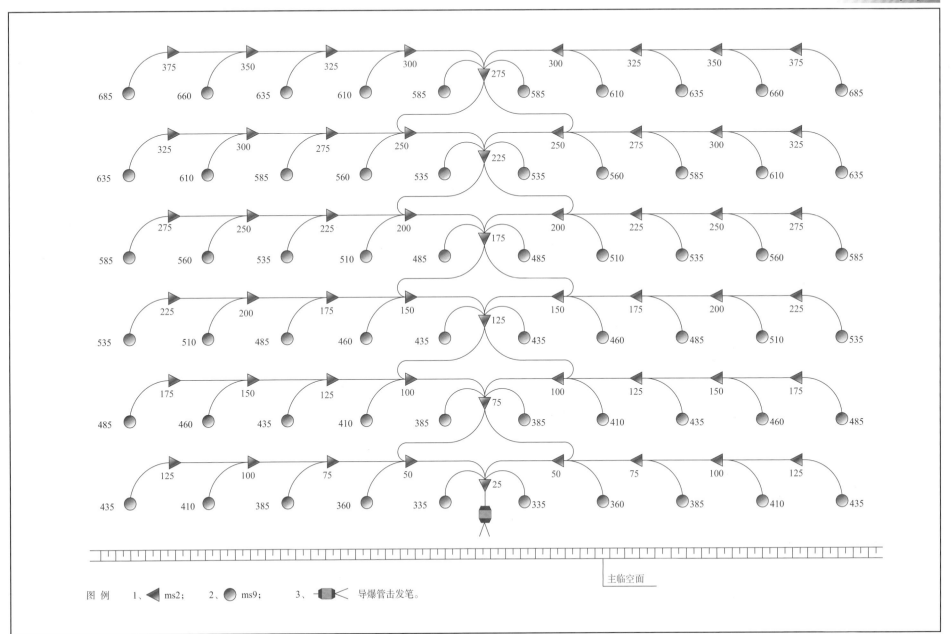

图 例　　1、◀ ms2；　　2、⬤ ms9；　　3、▣◀ 导爆管击发笔。

ms2 孔外单程控制回路将单程爆破主回路控制成与主临空面呈 V 形毫秒延时全程双响导爆管起爆网路图谱

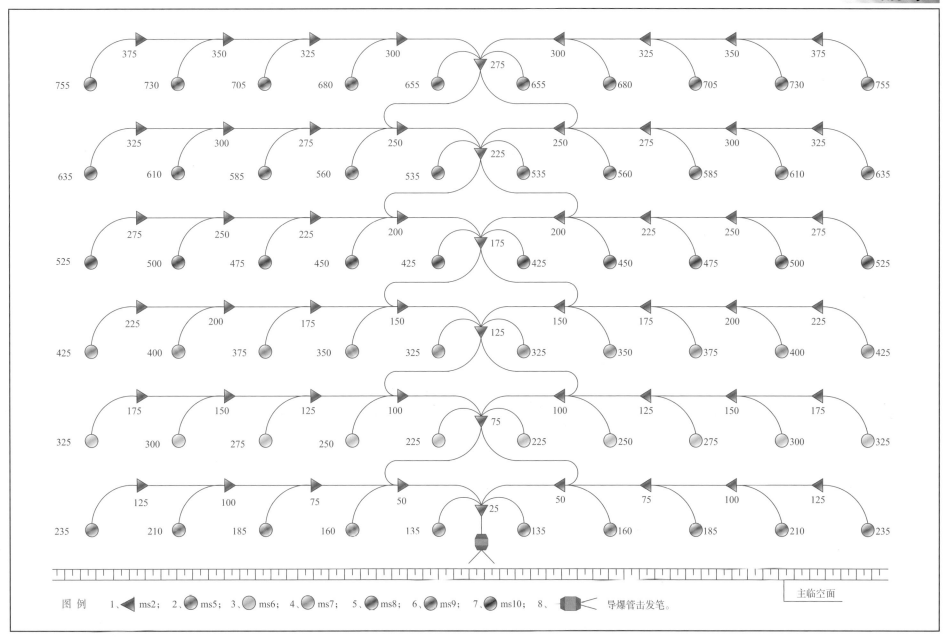

图 例　　1、◁ ms2；　2、◯ ms5；　3、◯ ms6；　4、◯ ms7；　5、◯ ms8；　6、◯ ms9；　7、◯ ms10；　8、▱ 导爆管击发笔。

主临空面

ms2 孔内单程控制回路将单程爆破主回路控制成与主临空面呈 V 形毫秒延时全程单段双响导爆管起爆网路图谱

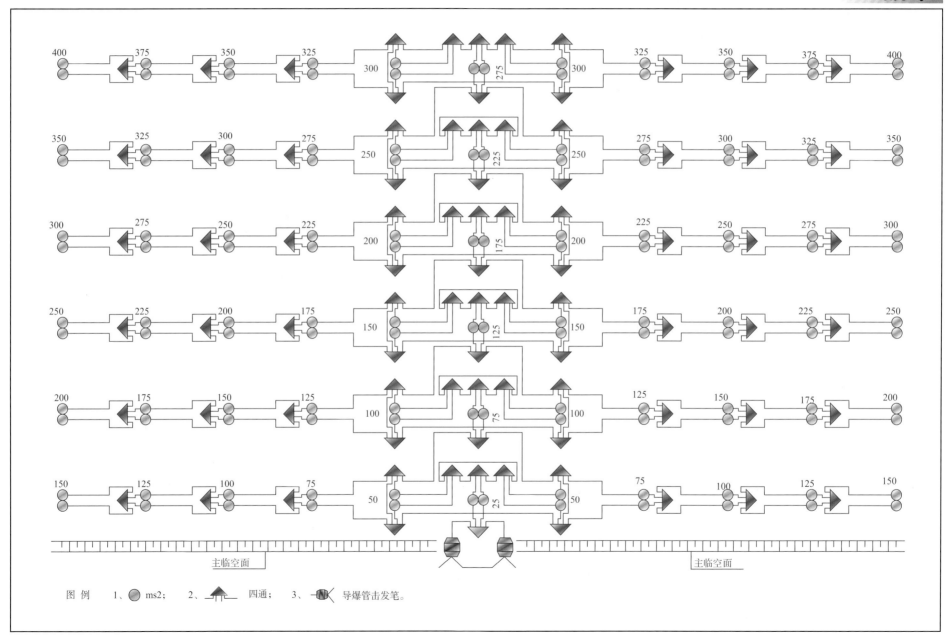

图例　1、◉ ms2；　2、▲ 四通；　3、ᐅᐊ 导爆管击发笔。

ms2 孔外单程控制回路将单程爆破主回路控制成与主临空面呈 V 形毫秒延时全程单段单响导爆管起爆网路图谱

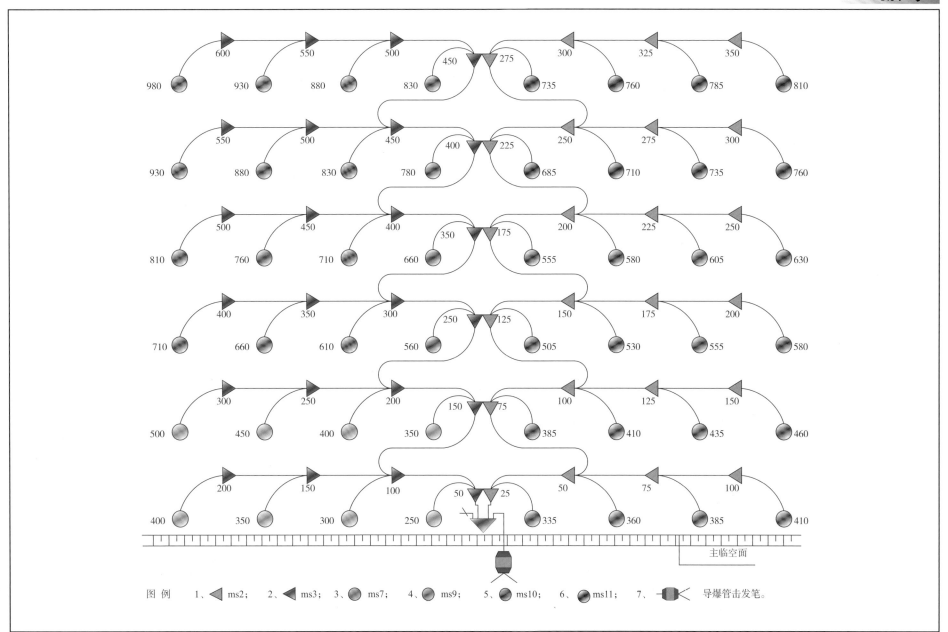

图 例　　1、◀ ms2；　2、◀ ms3；　3、◉ ms7；　4、◉ ms9；　5、◉ ms10；　6、◉ ms11；　7、▭◀ 导爆管击发笔。

ms3 孔内单程控制回路将单程爆破主回路控制成与主临空面呈 V 形毫秒延时全程单段双响导爆管起爆网路图谱

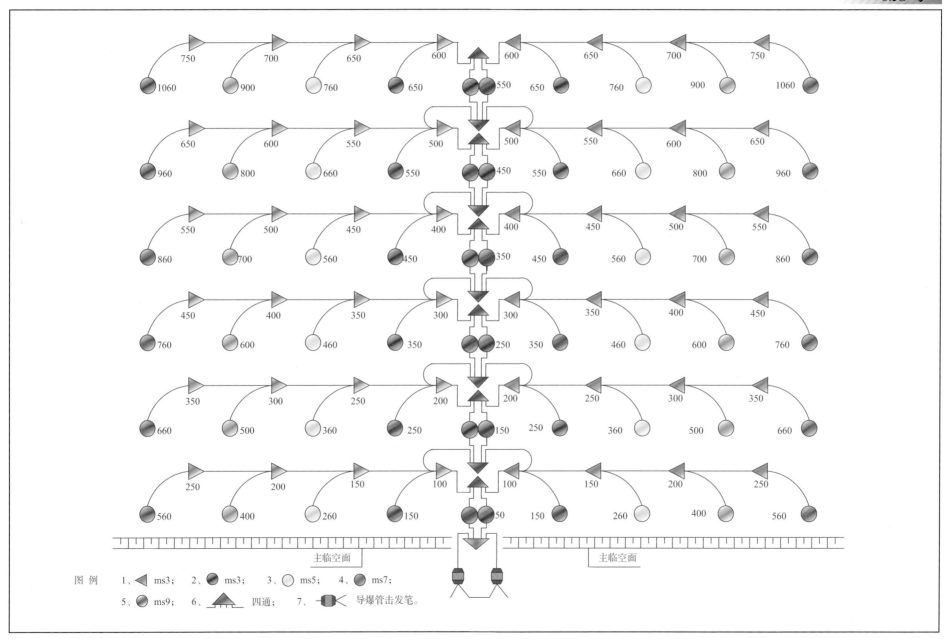

ms4 孔外单程控制回路将单程爆破主回路控制成与主临空面呈 V 形毫秒延时全程单段单响导爆管起爆网路图谱

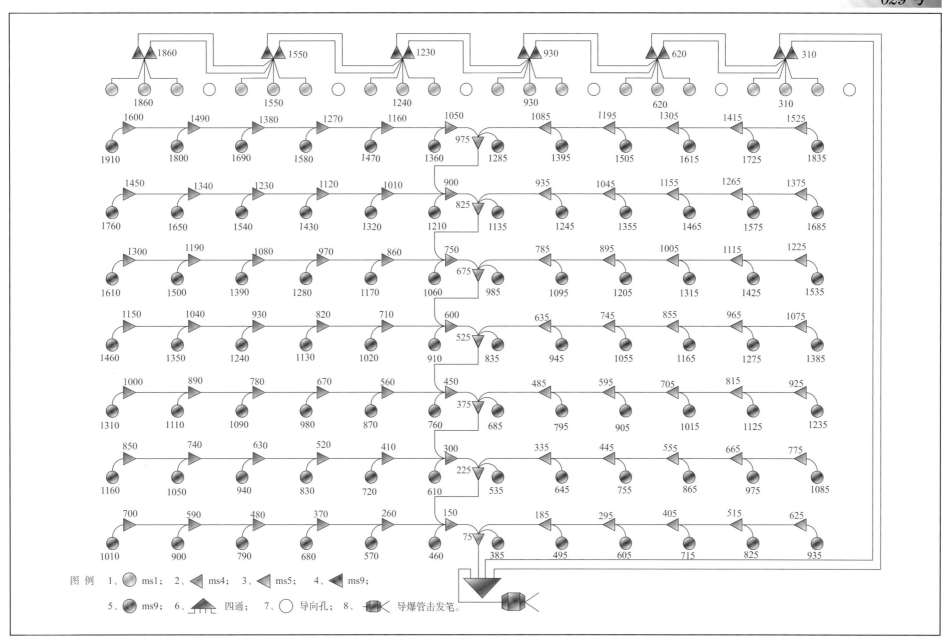

图例 1、 ⬤ ms1； 2、 ◀ ms4； 3、 ◀ ms5； 4、 ◀ ms9；

5、 ⬤ ms9； 6、 ▲ 四通； 7、 ◯ 导向孔； 8、 导爆管击发笔。

ms2 孔外单程控制回路将单程爆破主回路控制成与主临空面呈 V 形毫秒延时全程单段单响导爆管起爆网路图谱

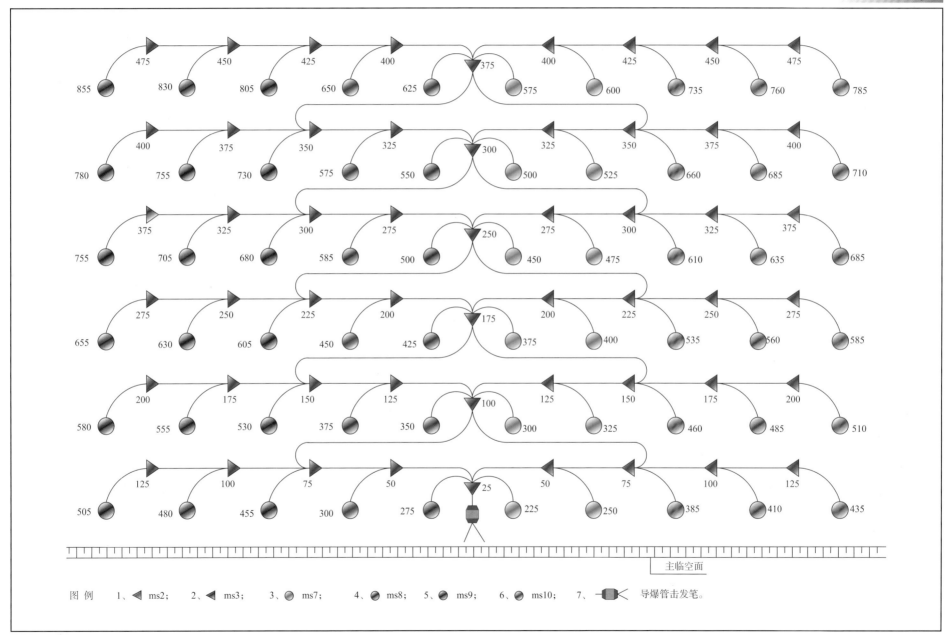

图 例　　1、◀ ms2；　　2、◀ ms3；　　3、● ms7；　　4、● ms8；　　5、● ms9；　　6、● ms10；　　7、▬◀ 导爆管击发笔。

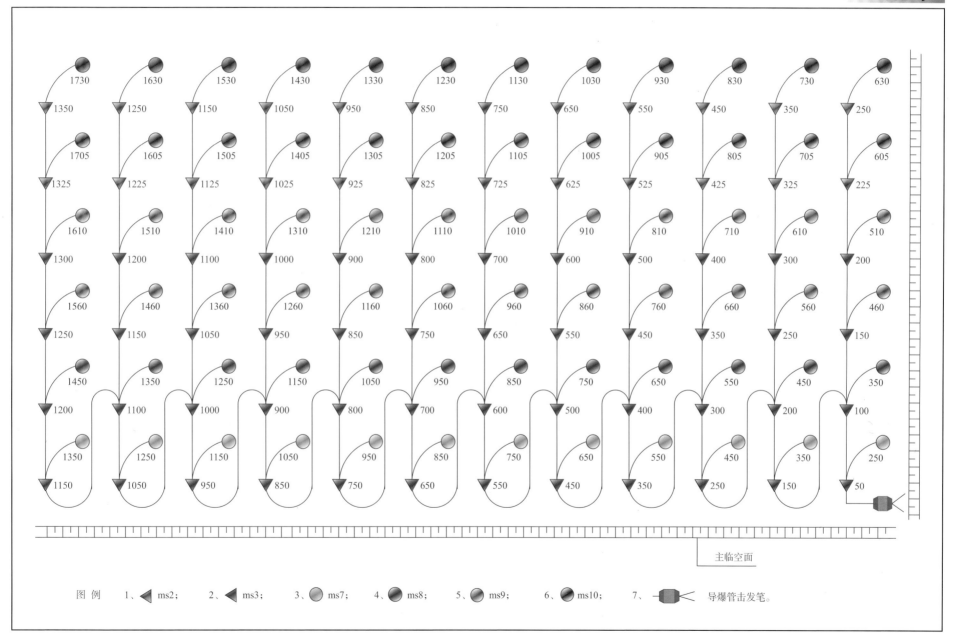

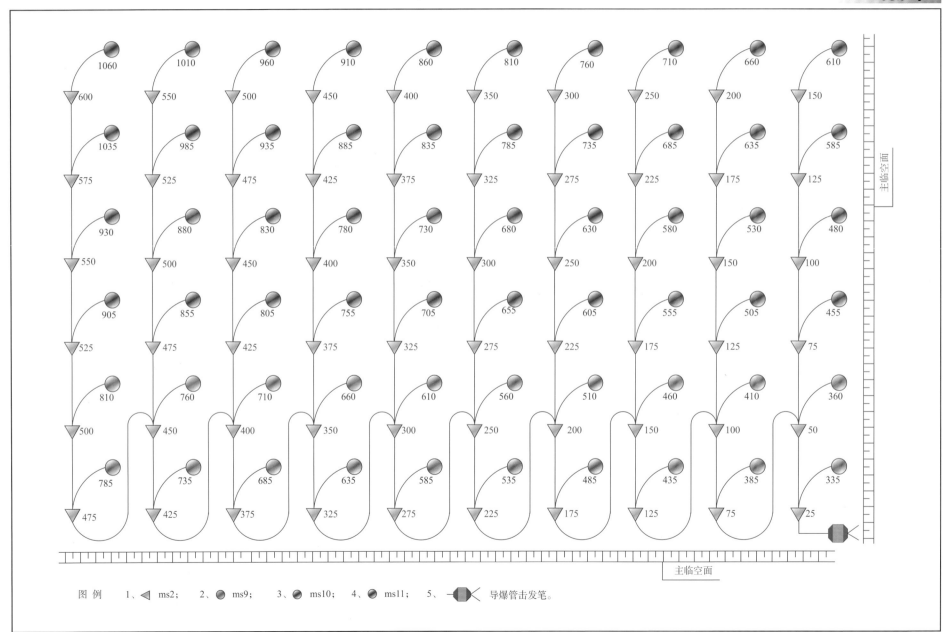

图 例　1、◁ ms2；　2、● ms9；　3、● ms10；　4、● ms11；　5、—■─ 导爆管击发笔。

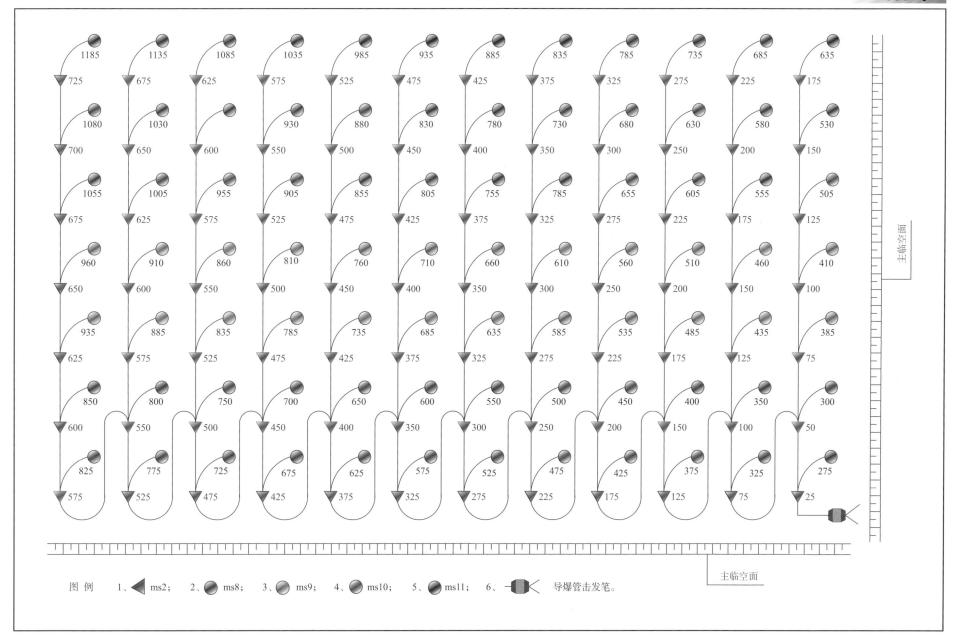

图 例　　1、◀ ms2；　2、● ms8；　3、● ms9；　4、● ms10；　5、● ms11；　6、▬ 导爆管击发笔。

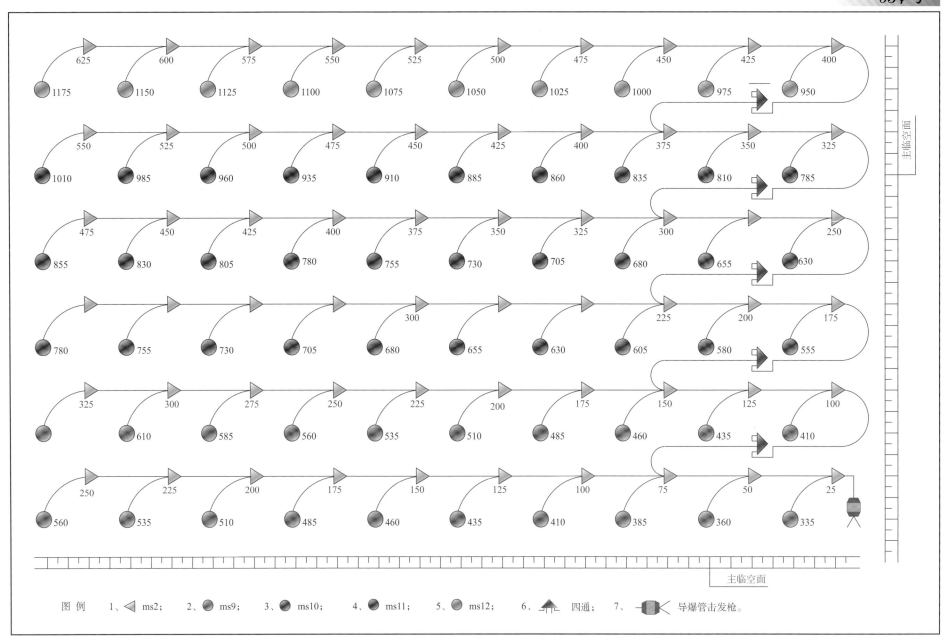

图例　1、◁ ms2；　2、● ms9；　3、● ms10；　4、● ms11；　5、● ms12；　6、四通；　7、导爆管击发枪。

ms2 孔外单程控制回路将单程爆破主回路控制成与主临空面呈斜线毫秒延时全程单段双响导爆管起爆网路图谱

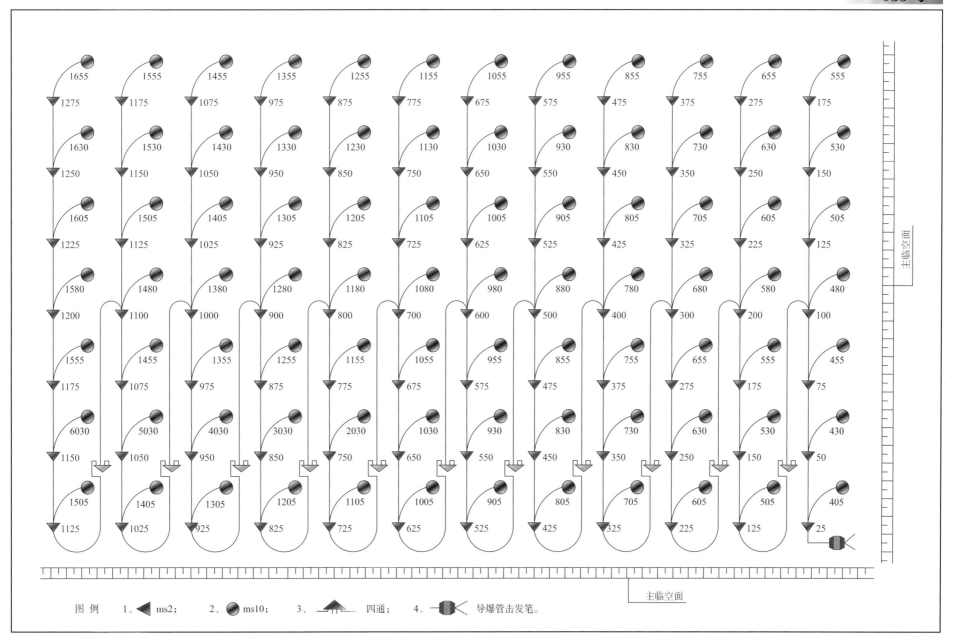

图例　1、◄ ms2；　2、● ms10；　3、◄ 四通；　4、◙◄ 导爆管击发笔。

ms5 孔内单程控制回路将单程爆破主回路控制成与主临空面呈 V 形毫秒延时全程单段双响导爆管起爆网路图谱

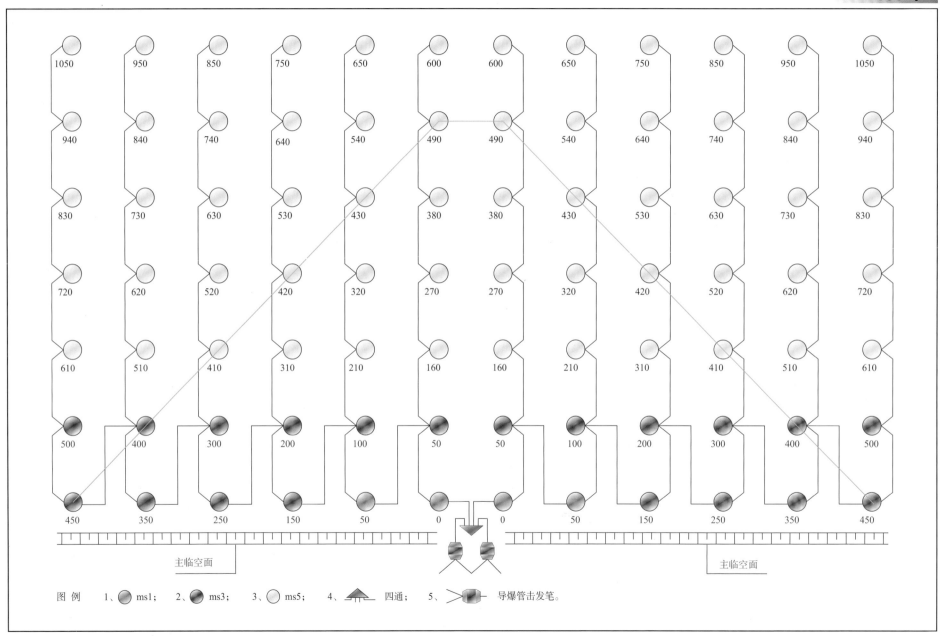

图 例   1、● ms1；   2、● ms3；   3、○ ms5；   4、▲ 四通；   5、◇ 导爆管击发笔。

ms3 孔外单程控制回路将单程爆破主回路控制成与主临空面呈逐孔斜线毫秒延时全程单段单响导爆管起爆网路图谱

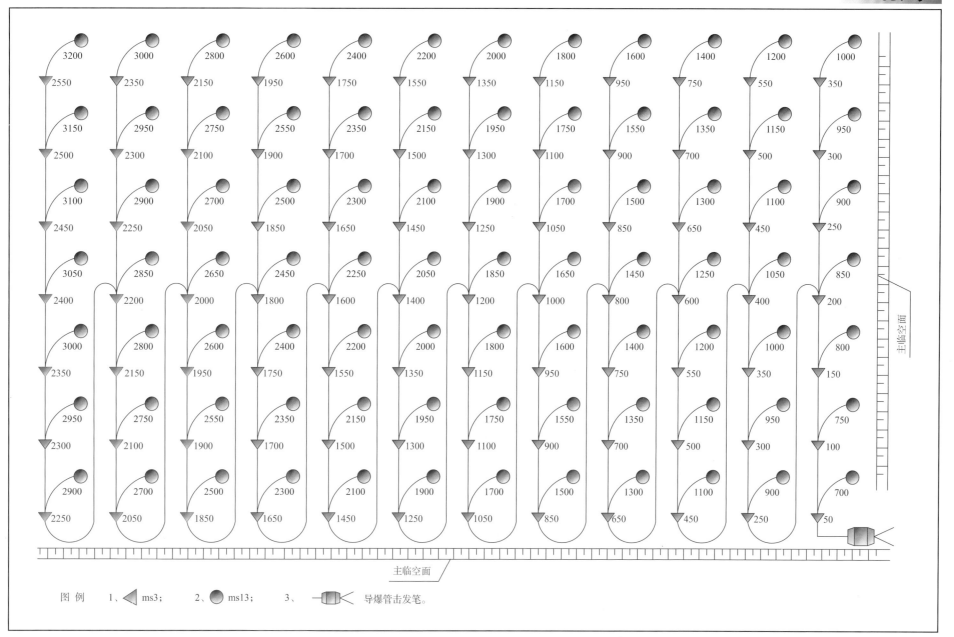

图例　　1、◁ ms3；　　2、● ms13；　　3、▱ 导爆管击发笔。

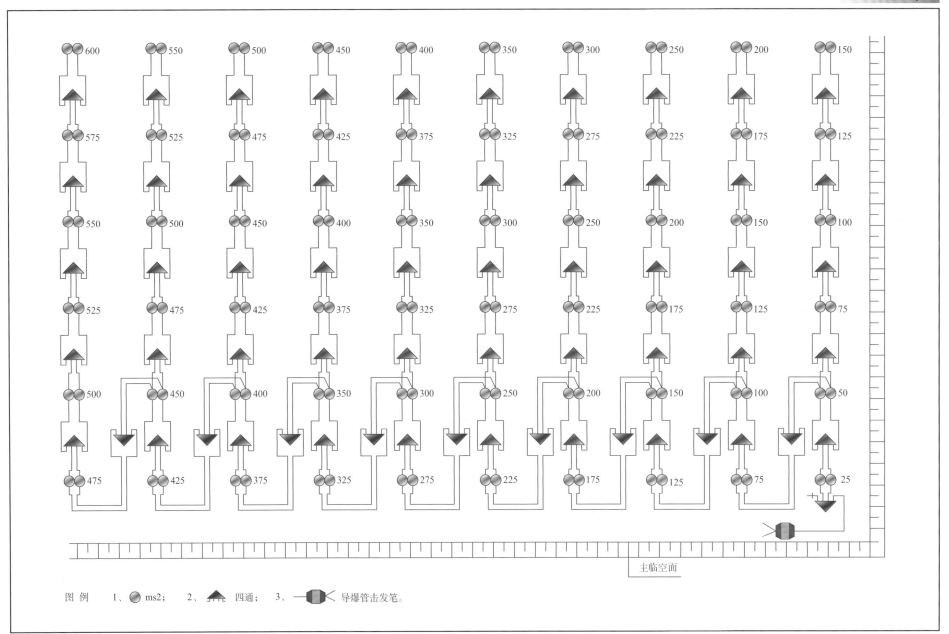

图 例　　1、⬤ ms2；　2、▲ 四通；　3、▣◀ 导爆管击发笔。

ms3 孔外程控回路将爆破主回路控制成与主临空面呈逐孔斜线毫秒延时全程单段多响导爆管起爆网路图谱

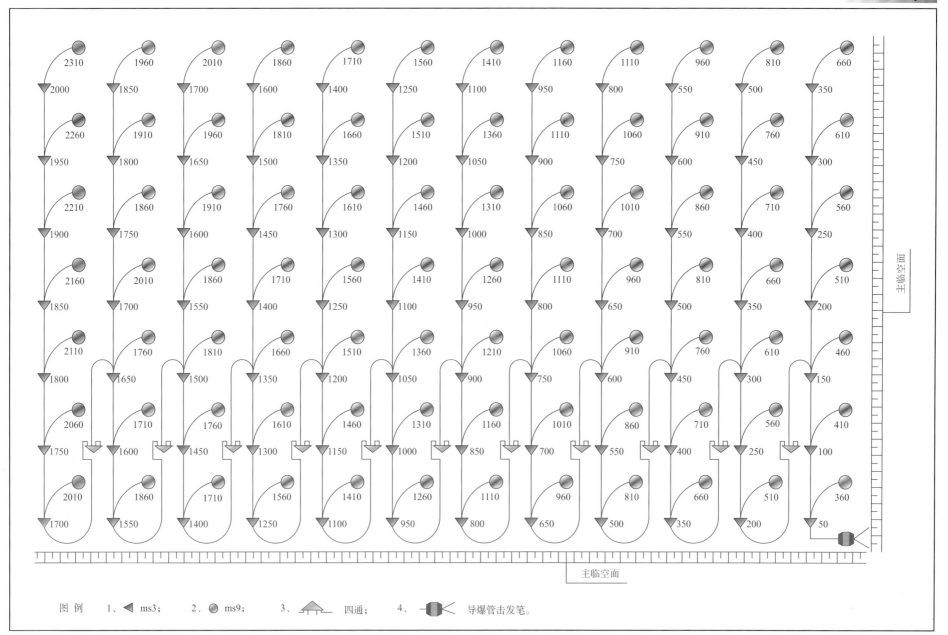

图例　1、◀ ms3；　2、● ms9；　3、四通　4、导爆管击发笔。

ms3 孔内单程控制回路将单程爆破主回路控制成与主临空面呈逐孔斜线毫秒延时全程单段多响导爆管起爆网路图谱

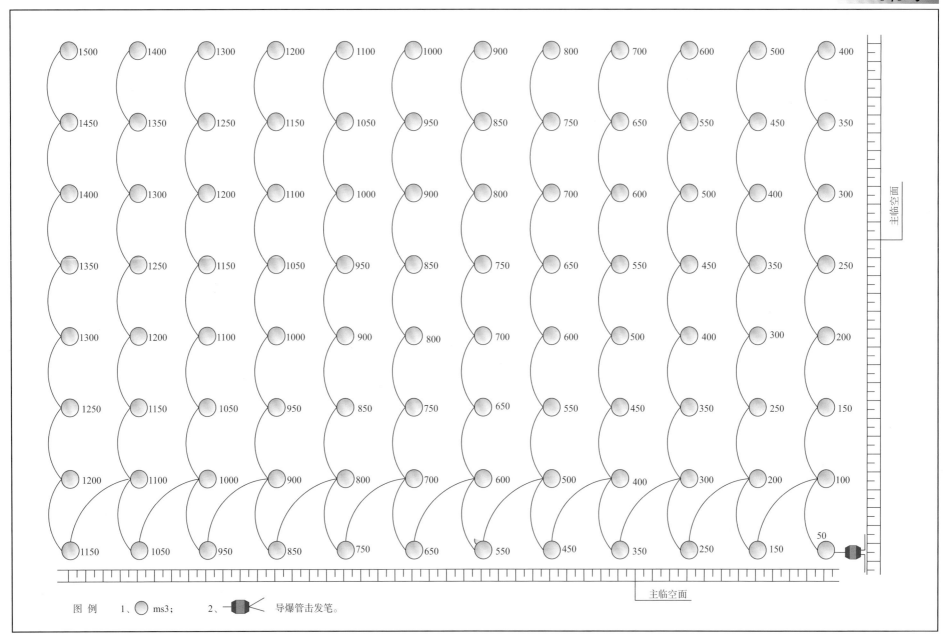

图 例　　1、〇 ms3；　　2、导爆管击发笔。

ms2 孔内单程控制回路将单程爆破主回路控制成与主临空面呈逐孔斜线毫秒延时全程单段多响导爆管起爆网路图谱

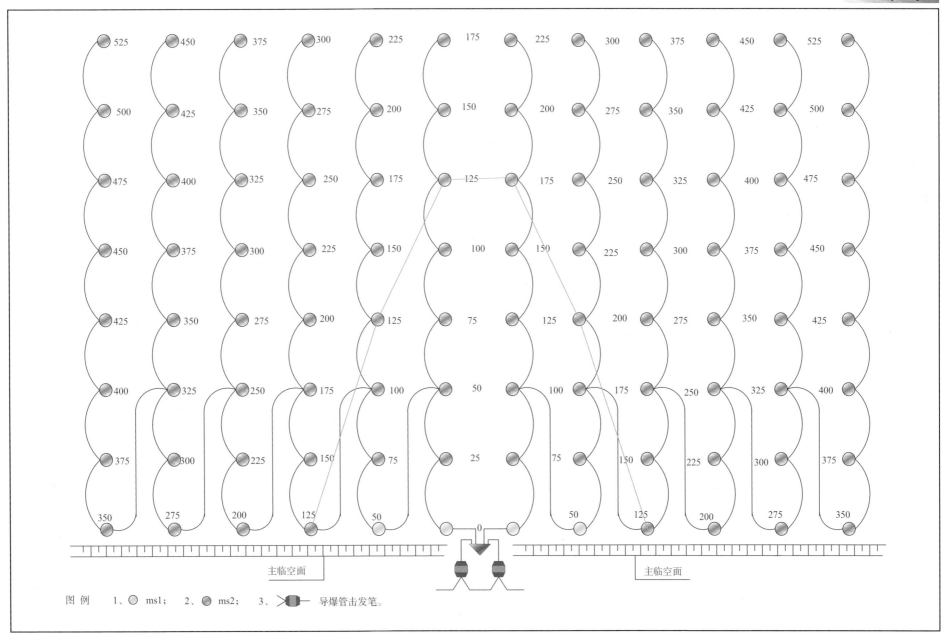

图例　1、⃝ ms1；　2、⬤ ms2；　3、▷█▬ 导爆管击发笔。

ms3 孔内单程控制回路将单程爆破主回路控制成与主临空面呈逐孔斜线毫秒延时全程单段多响导爆管起爆网路图谱

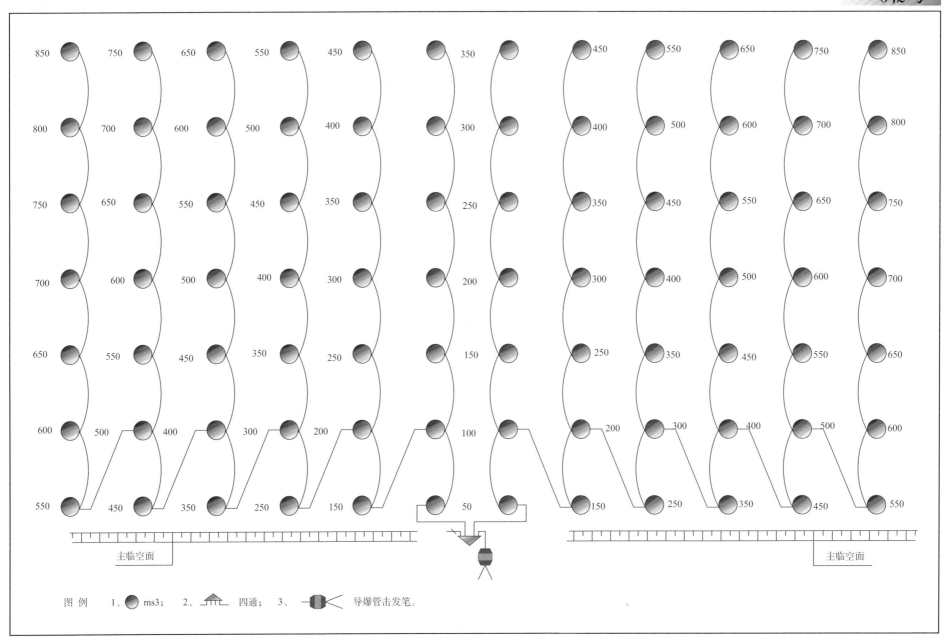

图例　1、⬤ ms3；　2、⬠ 四通；　3、◧ 导爆管击发笔。

ms3 孔外单程控制回路将单程爆破主回路控制成与主临空面呈逐孔斜线毫秒延时全程单段多响导爆管起爆网路图谱

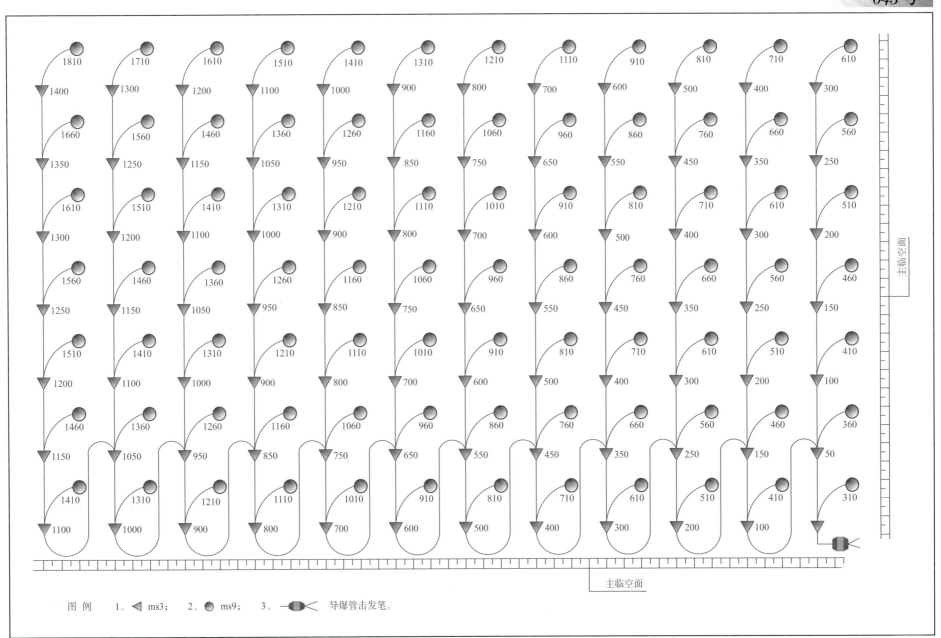

图 例　　1、◁ ms3；　2、● ms9；　3、▥◁ 导爆管击发笔。

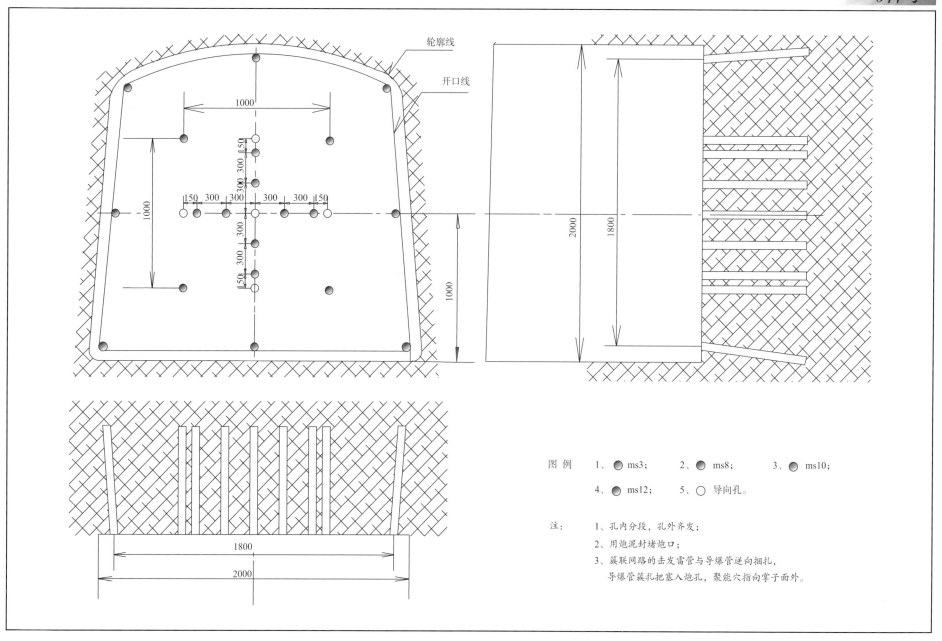

图例　1、● ms3；　　2、● ms8；　　3、● ms10；

4、● ms12；　　5、○ 导向孔。

注：　1、孔内分段，孔外齐发；

2、用炮泥封堵炮口；

3、簇联网路的击发雷管与导爆管逆向捆扎，
导爆管簇扎把塞入炮孔，聚能穴指向掌子面外。

岩石硬度系数 *f* >10 平巷掘进采用十字形预裂掏槽法炮孔配置与起爆网路集成并貌图

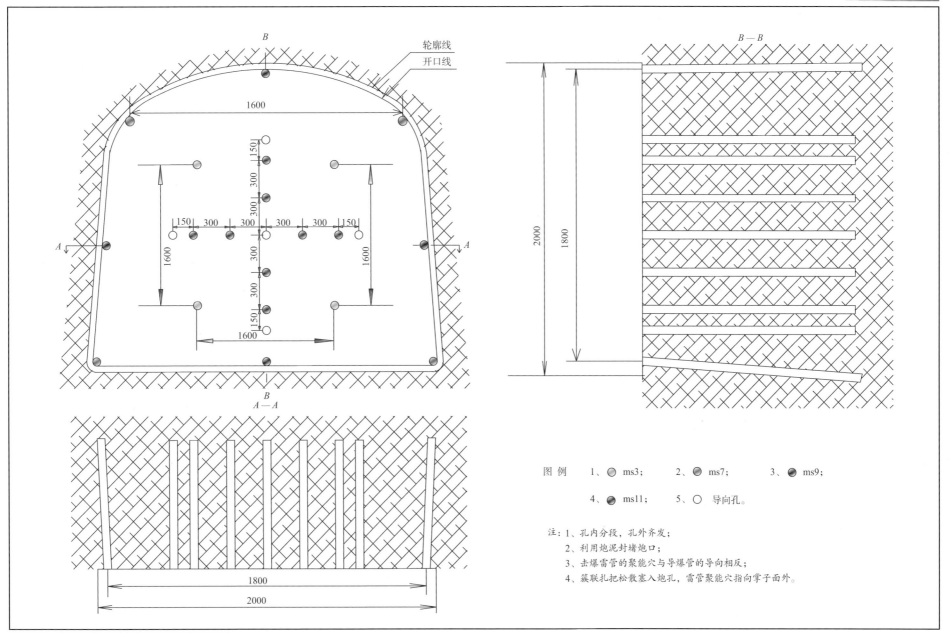

图 例　　1、⬤ ms3；　　2、⬤ ms7；　　3、⬤ ms9；

　　　　　4、⬤ ms11；　　5、○ 导向孔。

注：1、孔内分段，孔外齐发；

　　2、利用炮泥封堵炮口；

　　3、击爆雷管的聚能穴与导爆管的导向相反；

　　4、簇联扎把松散塞入炮孔，雷管聚能穴指向掌子面外。

岩石硬度系数 *f*>16 平巷掘进采用双龟裂直线掏槽法布孔网与起爆网路集成并貌图

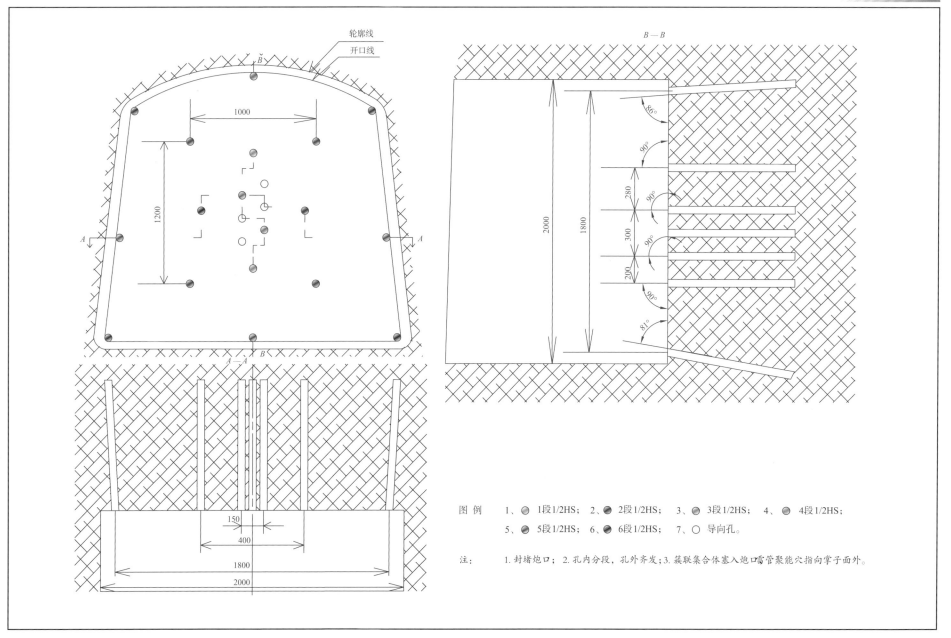

图 例　　1、◕ 1段1/2HS；　2、● 2段1/2HS；　3、◓ 3段1/2HS；　4、◒ 4段1/2HS；

　　　　5、◑ 5段1/2HS；　6、◐ 6段1/2HS；　7、○ 导向孔。

注：　　1.封堵炮口；2.孔内分段，孔外齐发；3.簇联集合体塞入炮口雷管聚能穴指向掌子面外。

桩井下掘爆破工程采用梅花形直线掏槽法炮孔配置网与起爆网路集成并貌图

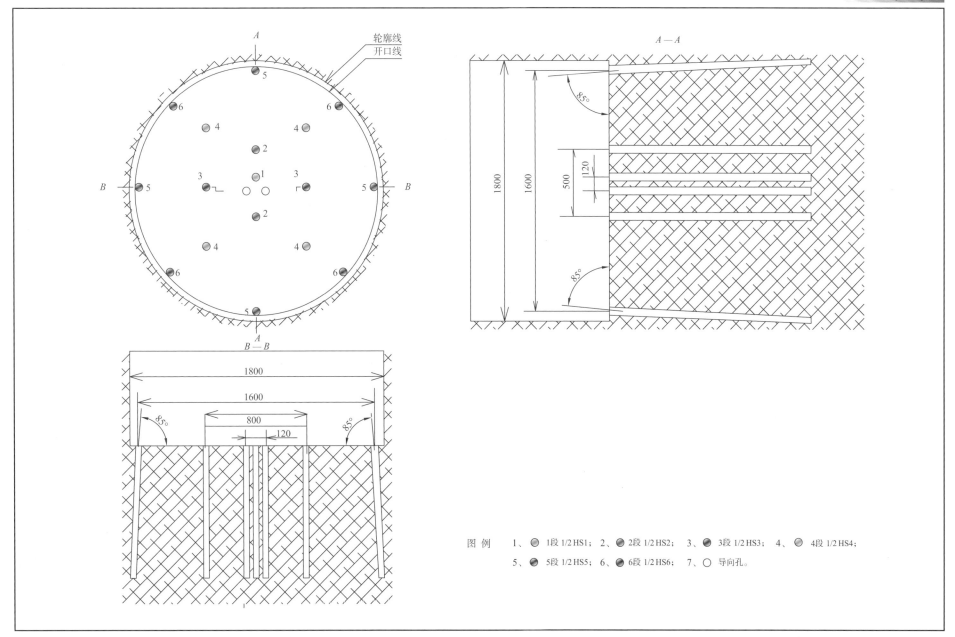

图 例　1、⬤ 1段 1/2 HS1；　2、⬤ 2段 1/2 HS2；　3、⬤ 3段 1/2 HS3；　4、⬤ 4段 1/2 HS4；

　　　　5、⬤ 5段 1/2 HS5；　6、⬤ 6段 1/2 HS6；　7、○ 导向孔。

隧道长台阶掘进法顶部台阶炮孔配置与起爆网路集成并貌图

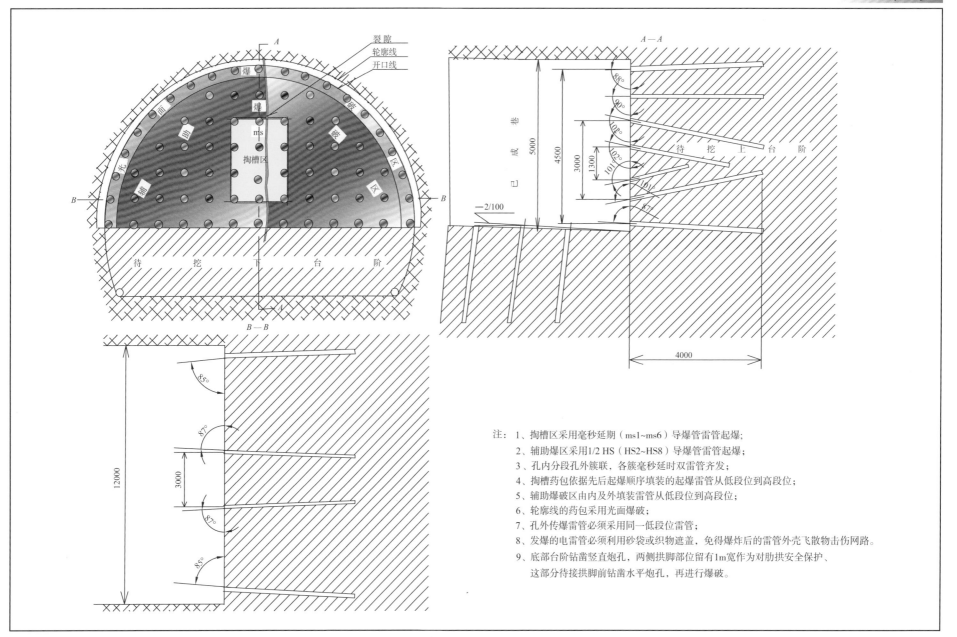

注：1、掏槽区采用毫秒延期（ms1~ms6）导爆管雷管起爆；

2、辅助爆区采用1/2 HS（HS2~HS8）导爆管雷管起爆；

3、孔内分段孔外簇联，各簇毫秒延时双雷管齐发；

4、掏槽药包依据先后起爆顺序填装的起爆雷管从低段位到高段位；

5、辅助爆破区由内及外填装雷管从低段位到高段位；

6、轮廓线的药包采用光面爆破；

7、孔外传爆雷管必须采用同一低段位雷管；

8、发爆的电雷管必须利用砂袋或织物遮盖，免得爆炸后的雷管外壳飞散物击伤网路。

9、底部台阶钻凿竖直炮孔，两侧拱脚部位留有1m宽作为对肋拱安全保护、

　这部分待接拱脚前钻凿水平炮孔，再进行爆破。

隧道全断面掘进爆破工程毫秒延时全程双爆导爆管起爆网路图

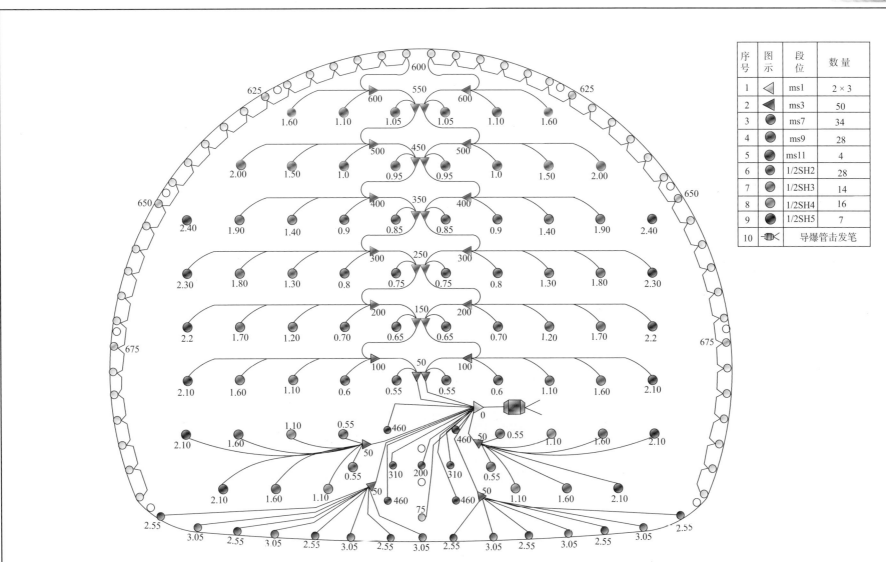

序号	图示	段位	数量
1	◁	ms1	2×3
2	◀	ms3	50
3	●	ms7	34
4	●	ms9	28
5	●	ms11	4
6	●	1/2SH2	28
7	●	1/2SH3	14
8	●	1/2SH4	16
9	●	1/2SH5	7
10	⊟◁	导爆管击发笔	

注：1、孔内分段，孔外起爆控制；　2、每组孔外雷管塞入炮口中，雷管聚能穴指向掌子面外；　3、孔外控制回路的雷管聚能穴朝向挖掘方向的逆向，将木棍一端插入就近炮孔，将雷管用胶带固定在木棍的另一端；　4、敷设导爆管时要避开炮口，传爆雷管用砂袋压严；　5、凡是孔外传爆雷管的聚能穴指向掌子面外。

莲岳隧道 K0+490-K0+550 与 K0+830-K0+900 十字形预裂掏槽全断面掘进法起爆网路图

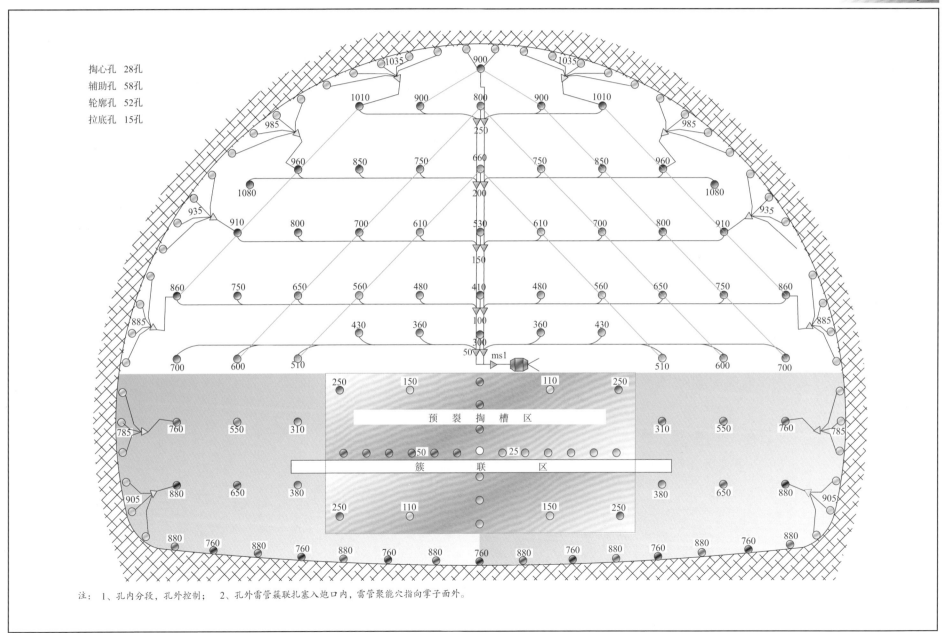

注： 1、孔内分段，孔外控制； 2、孔外雷管簇联扎塞入炮口内，雷管聚能穴指向掌子面外。

隧道环形导坑上部台阶掘进爆破工程毫秒延时导爆管起爆网路图

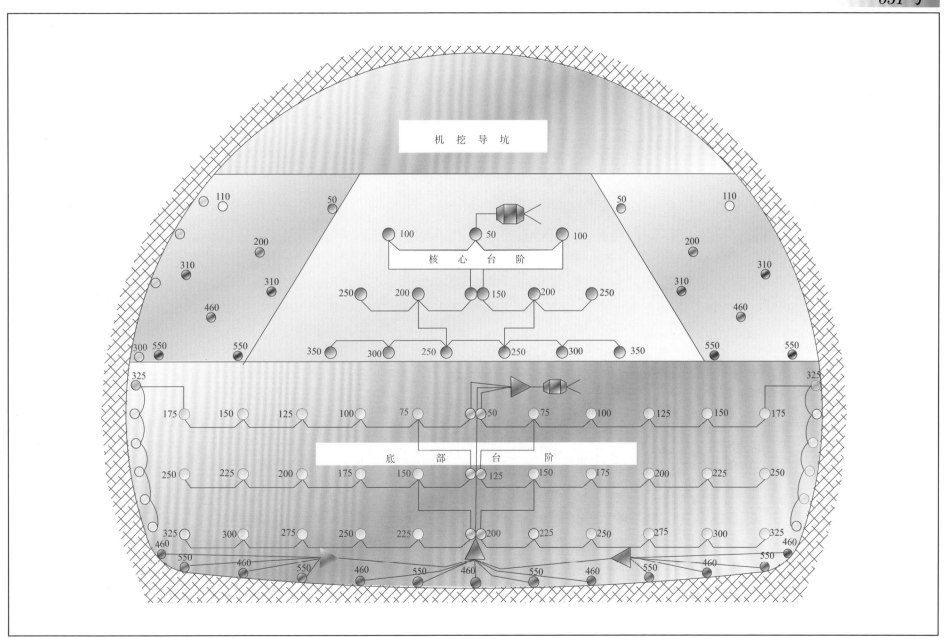

大口径竖井下掘爆破工程炮孔配网与孔外串联单程控回路逐孔四开起爆网路集成并貌图

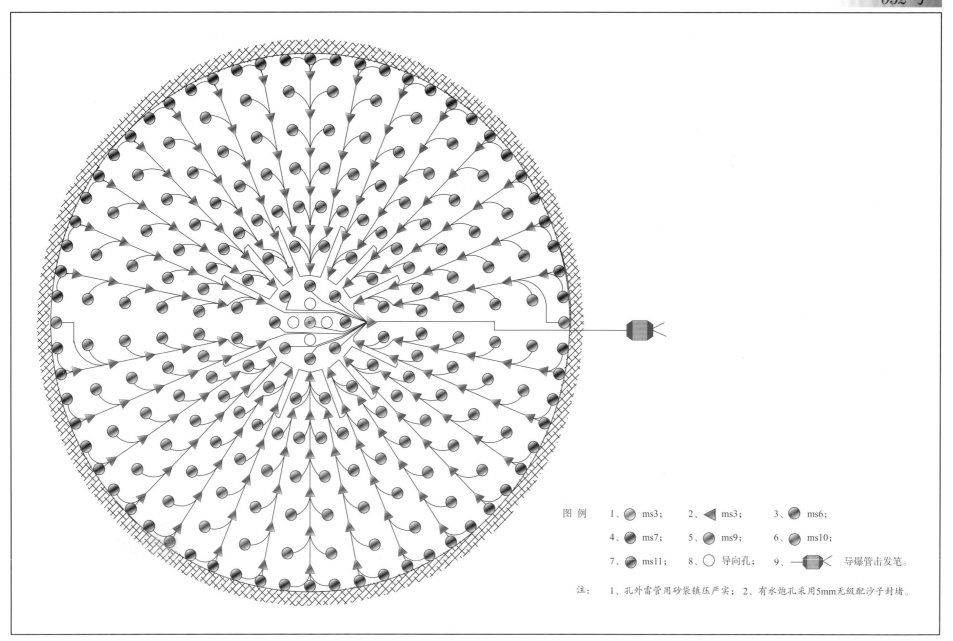

图 例　　1、⊙ ms3；　　2、◀ ms3；　　3、⊙ ms6；

4、⊙ ms7；　　5、⊙ ms9；　　6、⊙ ms10；

7、⊙ ms11；　　8、○ 导向孔；　　9、▬◀ 导爆管击发笔。

注：　　1、孔外雷管用砂袋镇压严实；　　2、有水炮孔采用5mm无级配沙子封堵。

大口径竖井下掘爆破工程炮孔配置网与毫秒延时导爆管起爆网路图

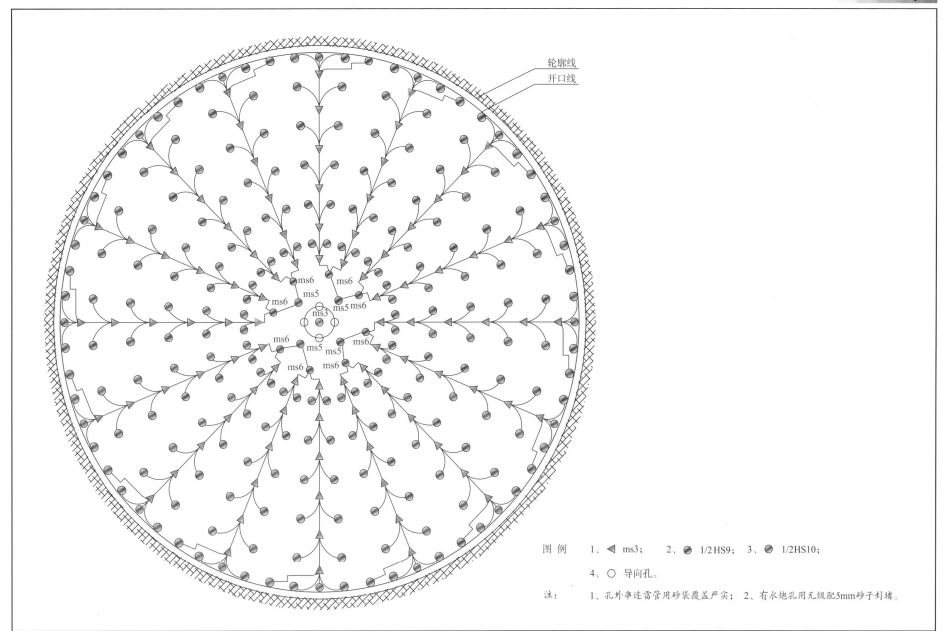

轮廓线
开口线

ms6   ms6
ms5
ms6   ms5 ms6
ms3
ms6
ms5 ms5
ms6 ms6   ms6

图 例   1、◁ ms3;   2、⬤ 1/2 HS9;   3、⬤ 1/2 HS10;

4、○ 导向孔。

注: 1、孔外串连雷管用砂袋覆盖严实;   2、有水炮孔用无级配5mm砂子封堵。

大口径竖井下掘爆破工程炮孔布置与采用四通匹配的导爆管八开起爆网路集成并貌图

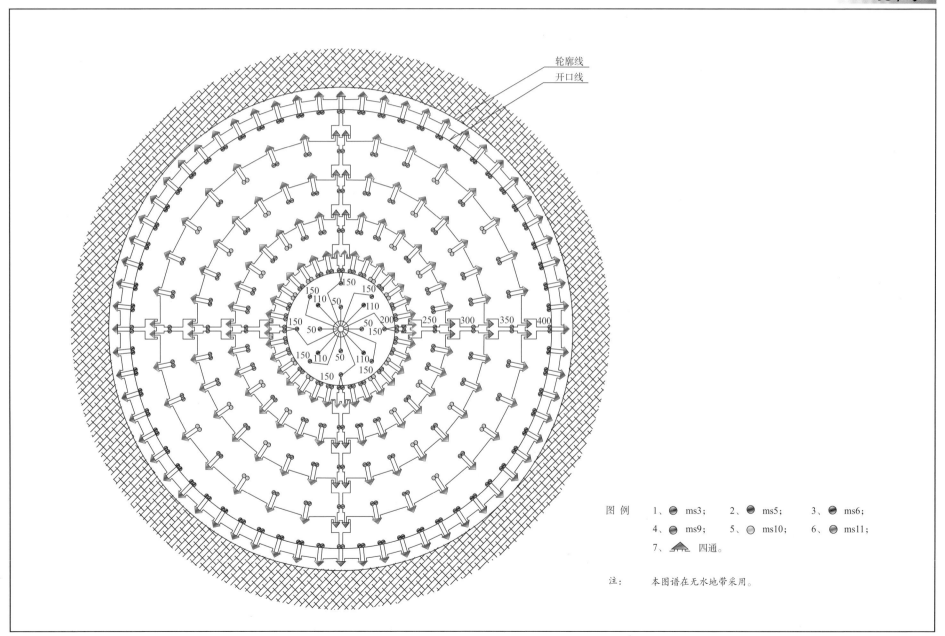

轮廓线
开口线

图 例　1、⬤ ms3；　2、⬤ ms5；　3、⬤ ms6；
4、⬤ ms9；　5、⬤ ms10；　6、⬤ ms11；
7、⛰ 四通。

注：　本图谱在无水地带采用。

下集　有保险回路集

第五篇　有保险回路的程控回路毫秒延时全程多响起爆篇

拉堑工程起爆程序控制回路将带保险回路的爆破主回路控制成与主临空面呈 V 形毫秒延时全程单段多响导爆管起爆网路图谱

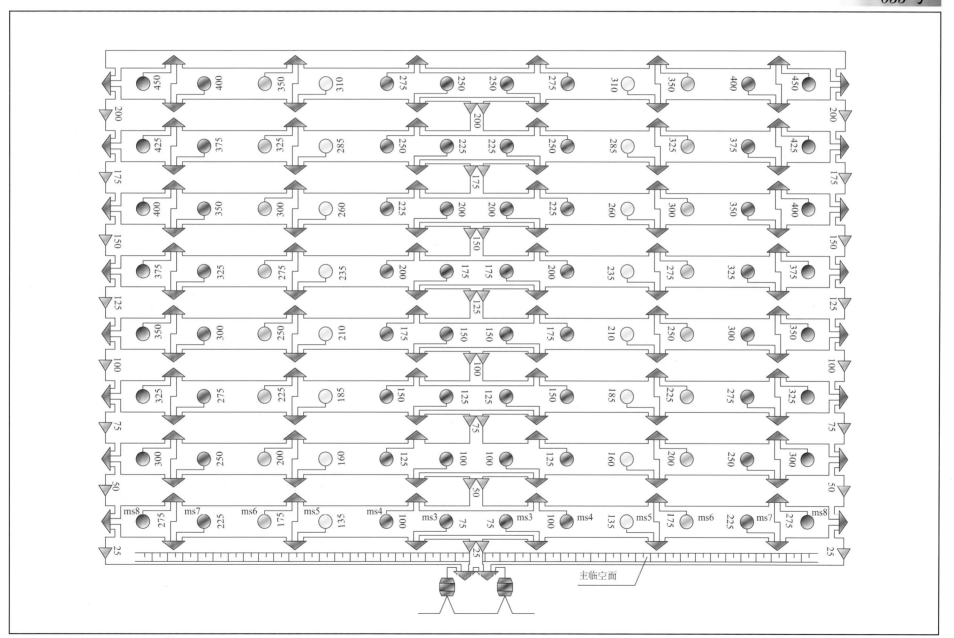

主临空面

拉堑工程起爆程序孔外控制回路将带保险回路的爆破主回路控制成与主临空面呈 V 形毫秒延时全程单段多响起爆网路图谱

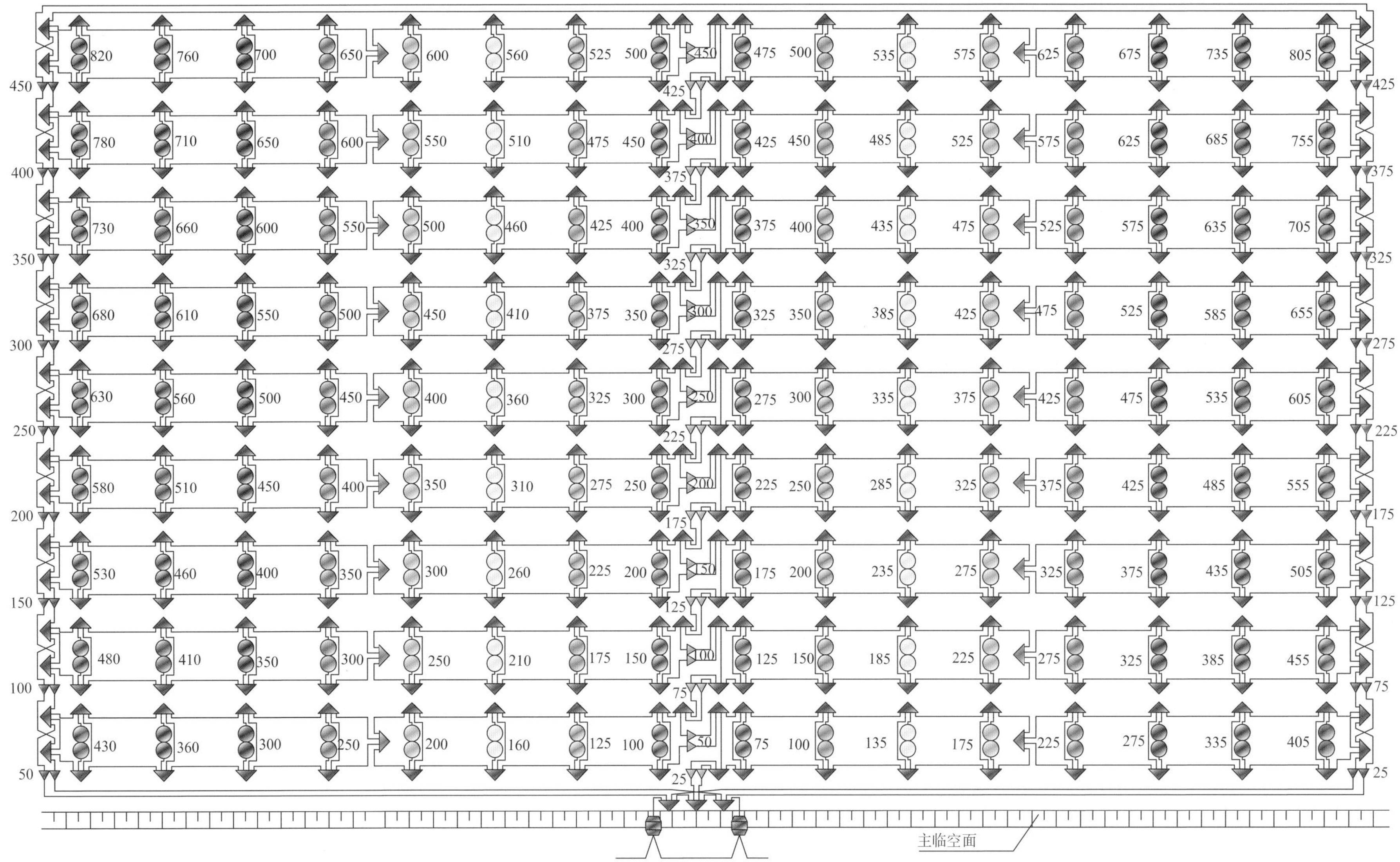

图 例　1、◁ ms2；　2、◀ ms3；　3、● ms3；　4、● ms4；　5、○ ms5；　6、● ms6；　7、● ms7；　8、● ms8；　9、● ms9；　10、● ms10；　11、四通；　12、导爆管击发笔。

拉堑工程起爆程序孔外控制回路将带保险回路的爆破主回路控制成与主临空面呈大波浪式毫秒延时全程单段多响导爆管起爆网路图谱

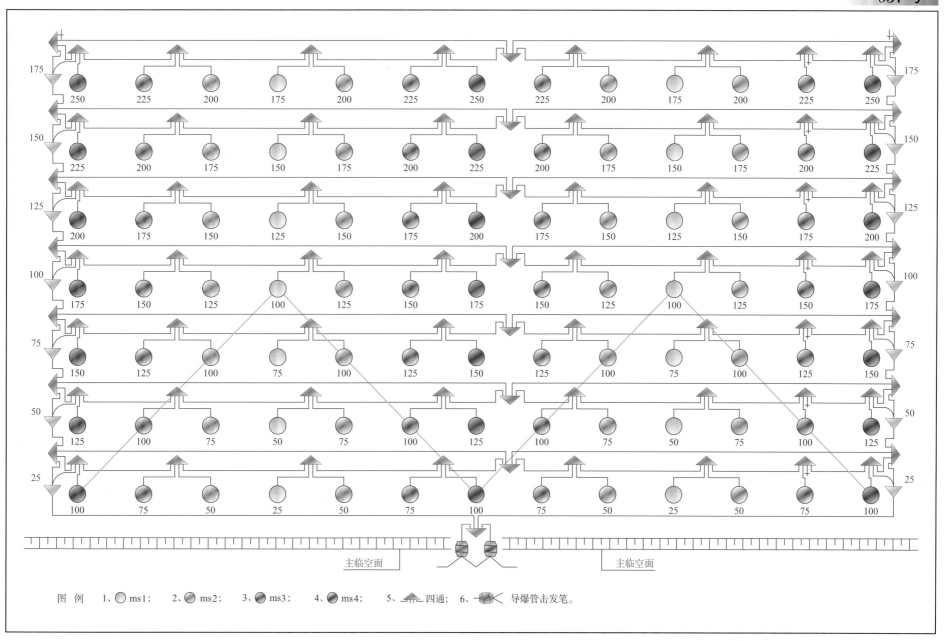

拉堑工程起爆程序孔外控制回路将带保险回路的爆破主回路控制成与主临空面呈 V 形毫秒延时

全程单段多响导爆管起爆网路图谱（一）

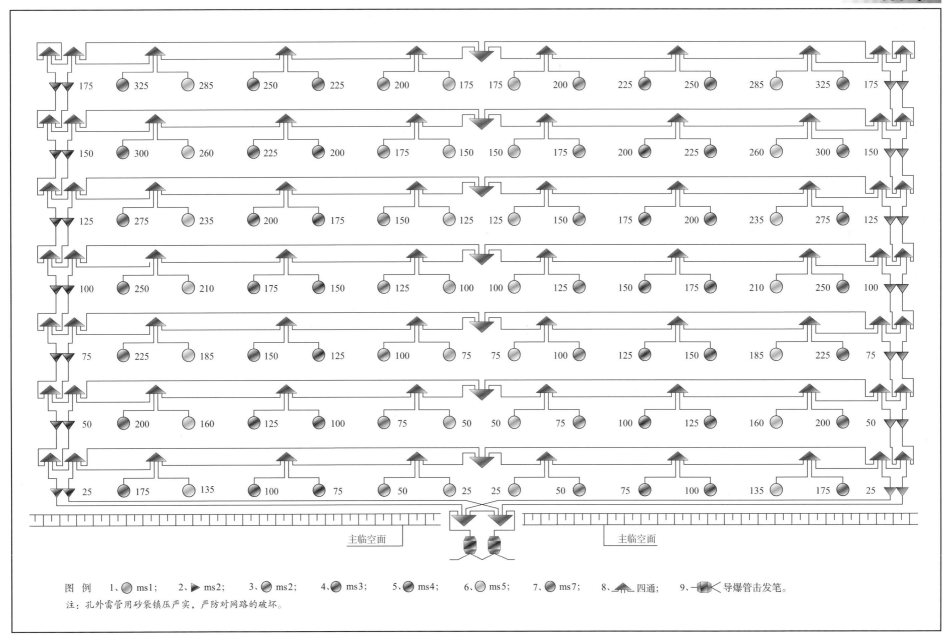

图　例　1、◐ ms1；　2、▶ ms2；　3、◐ ms2；　4、◐ ms3；　5、◐ ms4；　6、◐ ms5；　7、◐ ms7；　8、▲ 四通；　9、─▊◀ 导爆管击发笔。

注：孔外雷管用砂袋镇压严实，严防对网路的破坏。

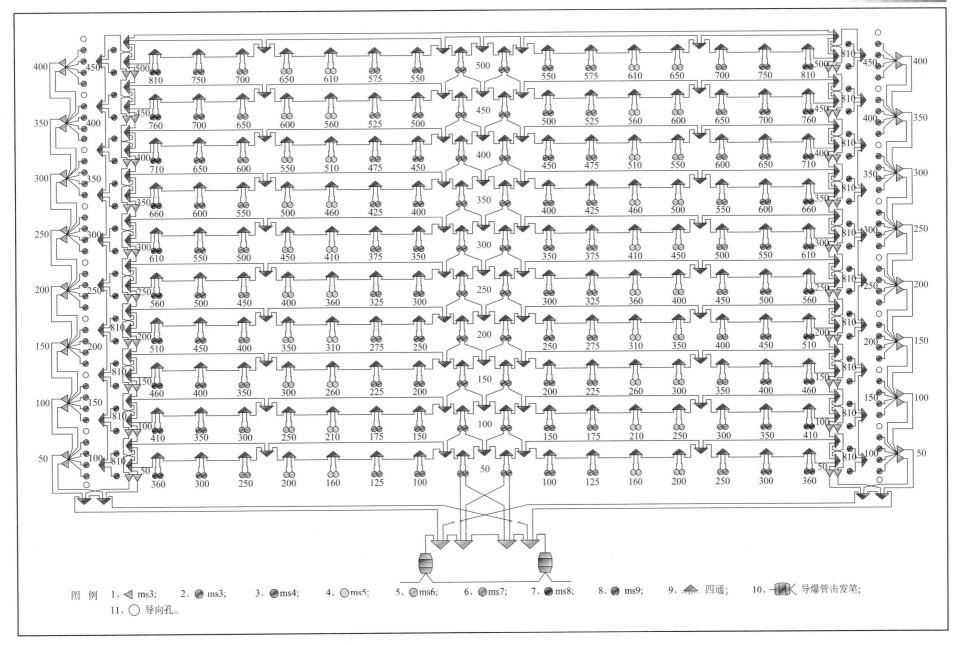

图　例　1、◁ ms3；　　2、● ms3；　　3、● ms4；　　4、○ ms5；　　5、● ms6；　　6、● ms7；　　7、● ms8；　　8、● ms9；　　9、⬡ 四通；　　10、⬛ 导爆管击发笔；

11、○ 导向孔。

拉堑工程起爆程序孔内外控制回路将带保险回路的爆破主回路控制成与主临空面呈 V 形毫秒延时

全程单段多响导爆管起爆网路图谱（一）

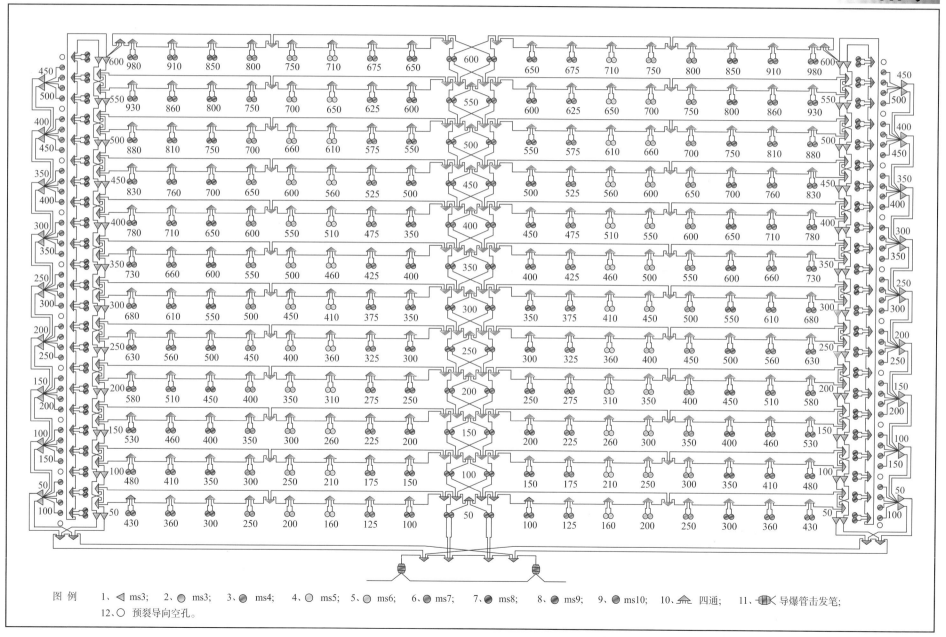

图 例　1、◁ ms3;　2、● ms3;　3、● ms4;　4、○ ms5;　5、○ ms6;　6、● ms7;　7、● ms8;　8、● ms9;　9、● ms10;　10、四通;　11、导爆管击发笔;
12、○ 预裂导向空孔。

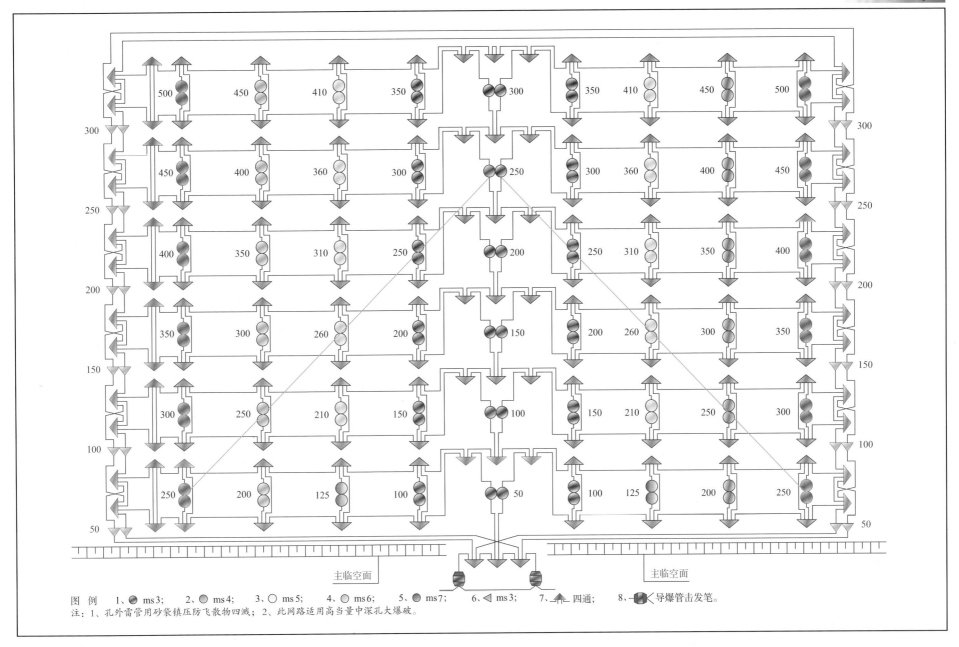

图 例　　1、⬤ ms3；　　2、⬤ ms4；　　3、◯ ms5；　　4、⬤ ms6；　　5、⬤ ms7；　　6、◀ ms3；　　7、四通；　　8、导爆管击发笔。

注：1、孔外雷管用砂袋镇压防飞散物四减；2、此网路适用高当量中深孔大爆破。

拉堑工程起爆程序孔外控制回路将带保险回路的爆破主回路控制成与主临空面呈 V 形毫秒延时全程单段多响导爆管起爆网路图谱

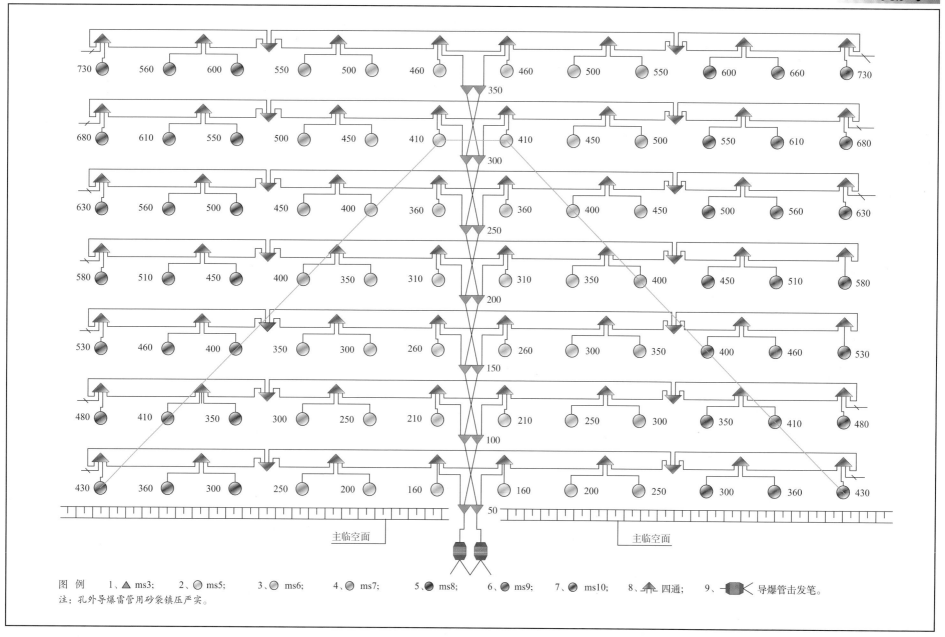

图例　1、▲ ms3；　　2、◯ ms5；　　3、◯ ms6；　　4、◯ ms7；　　5、◯ ms8；　　6、◯ ms9；　　7、◯ ms10；　　8、四通；　　9、导爆管击发笔。

注：孔外导爆雷管用砂袋镇压严实。

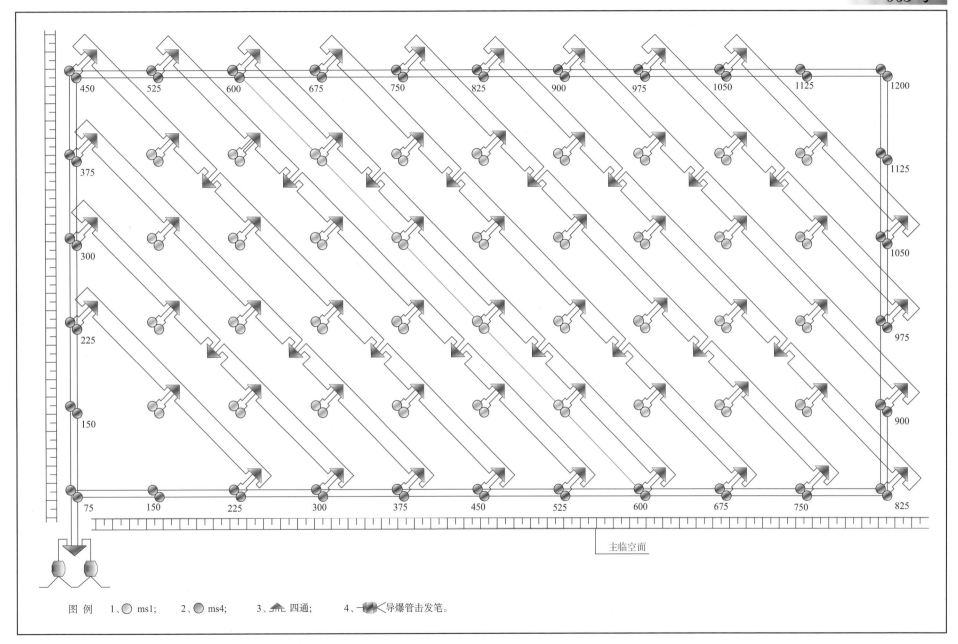

图 例　1、◯ ms1;　　2、● ms4;　　3、 四通;　　4、 导爆管击发笔。

全断面一次成堑起爆程序内外混合程控回路将爆破主回路控制成与主临空面呈 V 形毫秒延时全程单段多响导爆管起爆网路集成并貌图

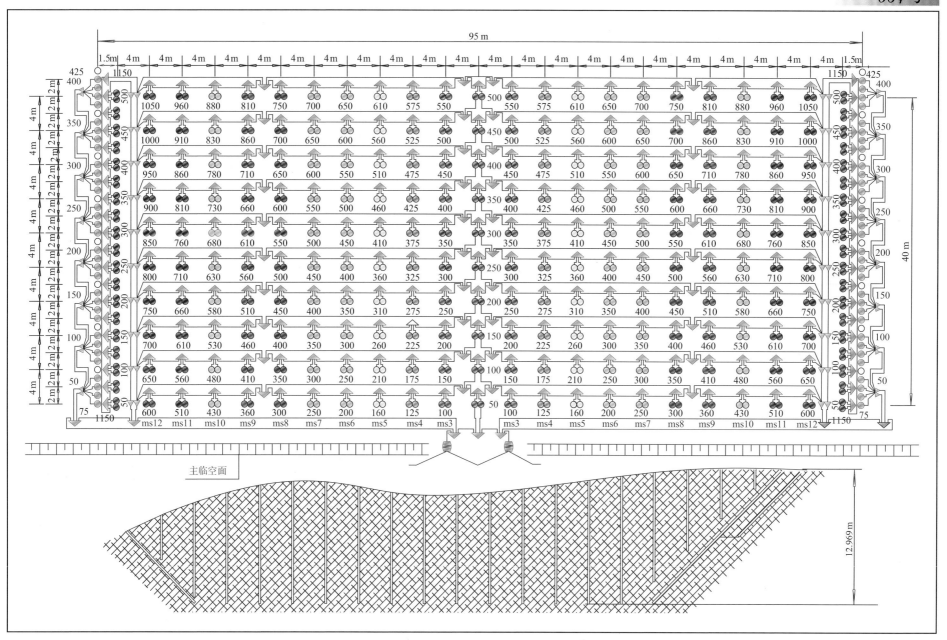

起爆程序孔外空回路将带保险回路的爆破主回路控制成与主临空面呈波浪式毫秒延时全程单段多响导爆管起爆网路图谱

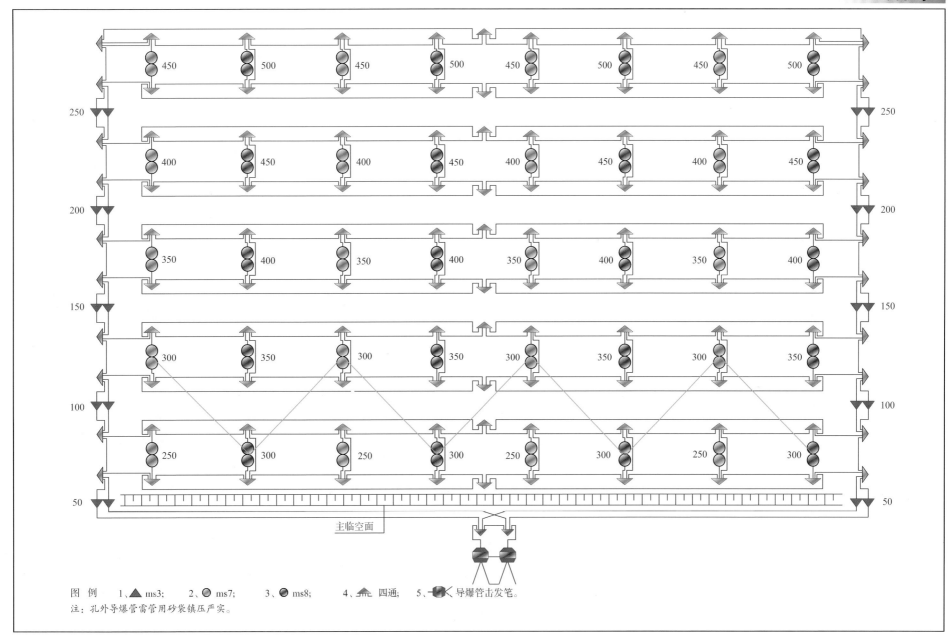

主临空面

图 例　1、▲ ms3;　2、● ms7;　3、● ms8;　4、四通;　5、导爆管击发笔。
注：孔外导爆管雷管用砂袋镇压严实。

京四高速建筑第十七标段路基开挖爆破中深孔配置与设保险回路的孔外程控回路将爆破主回路控制成与主临空面呈波浪式毫秒延时全程单段多响导爆管起爆网路图谱

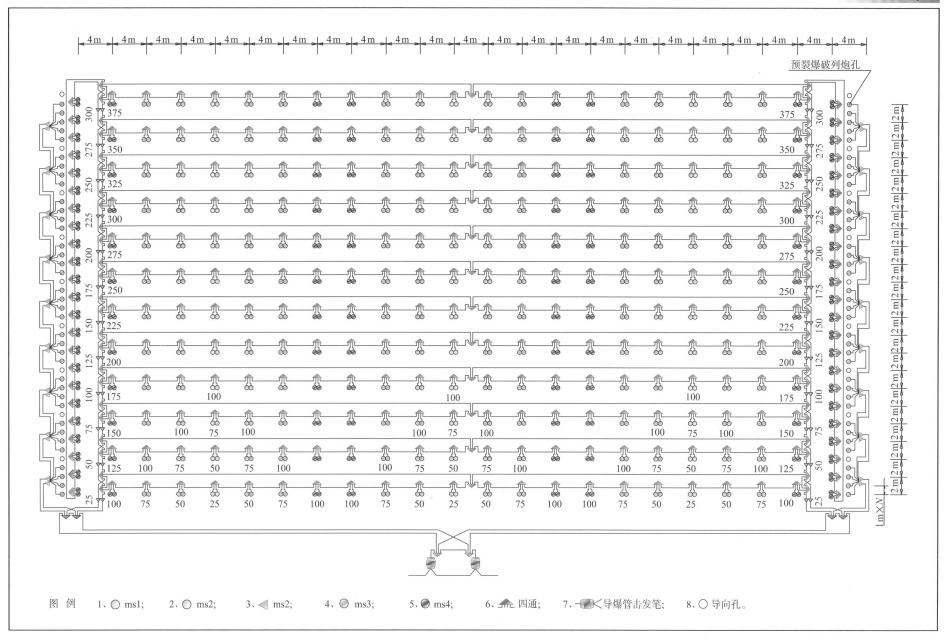

图 例　1、◯ ms1;　2、◯ ms2;　3、◁ ms2;　4、◯ ms3;　5、◑ ms4;　6、☖ 四通;　7、□ 导爆管击发笔;　8、◯ 导向孔。

大口径竖井下掘爆破工程炮孔配置网与设保险回路孔内程控回路将爆破主回路控制成四开毫秒延时全程单段多响导爆管起爆网路图谱

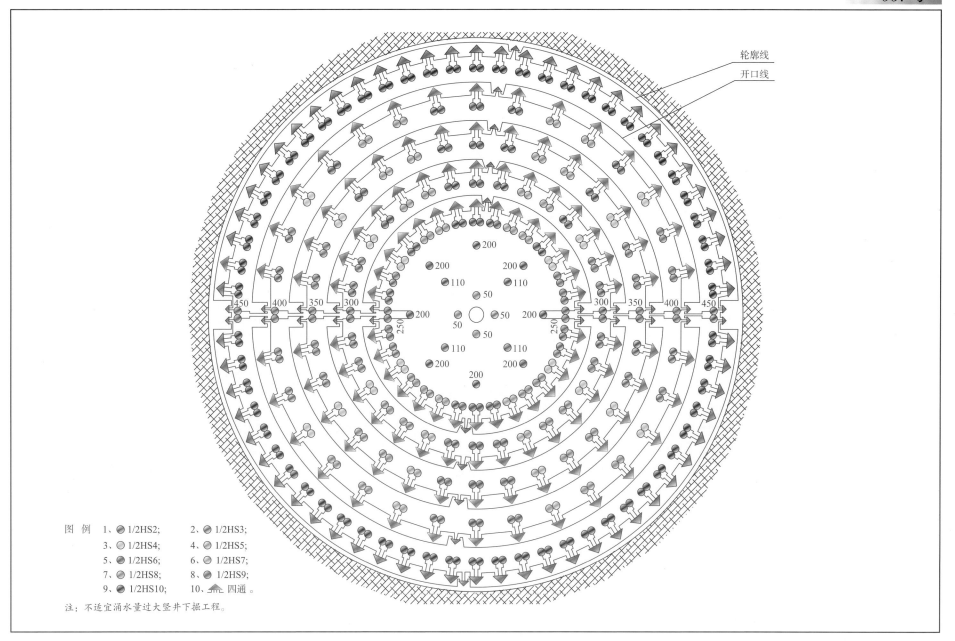

图例　1、 1/2HS2;　　2、 1/2HS3;
　　　3、 1/2HS4;　　4、 1/2HS5;
　　　5、 1/2HS6;　　6、 1/2HS7;
　　　7、 1/2HS8;　　8、 1/2HS9;
　　　9、 1/2HS10;　 10、 四通。

注：不适宜涌水量过大竖井下掘工程。

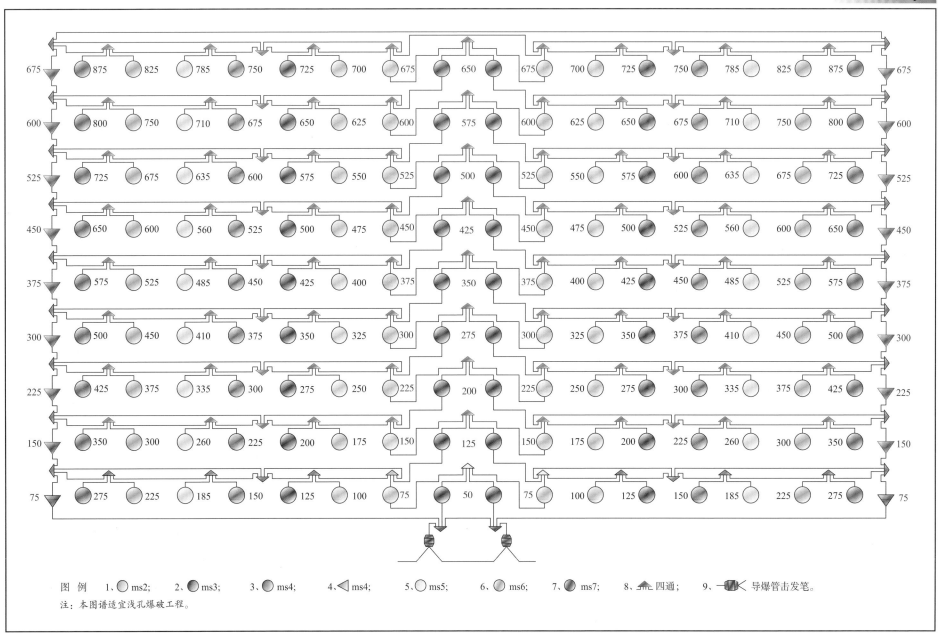

图　例　　1、⚪ ms2;　　2、◐ ms3;　　3、◓ ms4;　　4、◁ ms4;　　5、⚪ ms5;　　6、◑ ms6;　　7、◕ ms7;　　8、四通;　　9、导爆管击发笔。

注：本图谱适宜浅孔爆破工程。

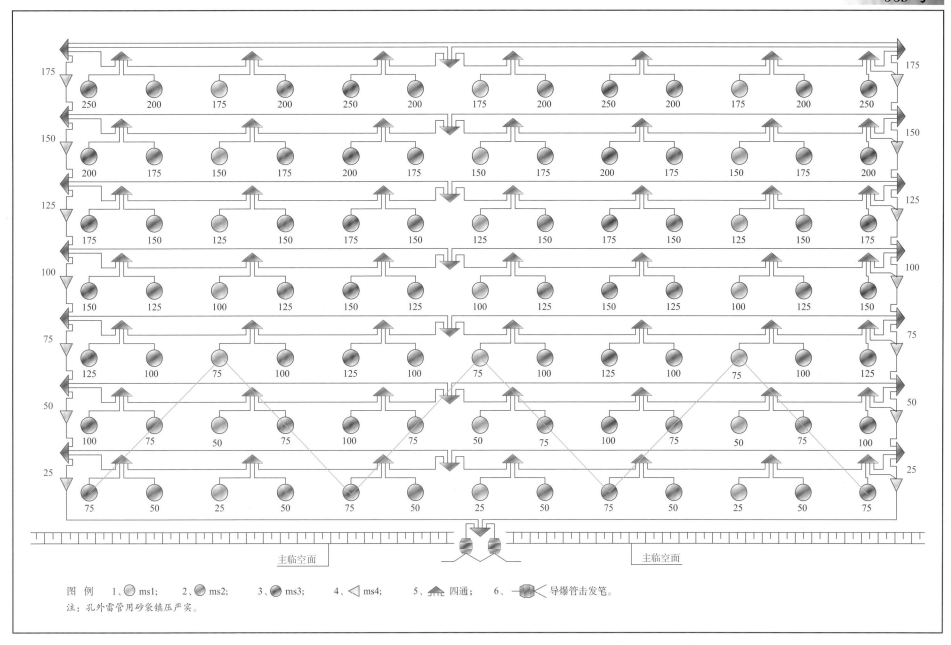

图 例 1、 ms1; 2、 ms2; 3、 ms3; 4、 ms4; 5、 四通; 6、 导爆管击发笔。
注: 孔外雷管用砂袋镇压严实。

起爆程序孔外控制回路将带保险回路的将孔内 50ms 均等微差控制成与主临空面呈斜线毫秒延时全程单段多响导爆管起爆网路图谱

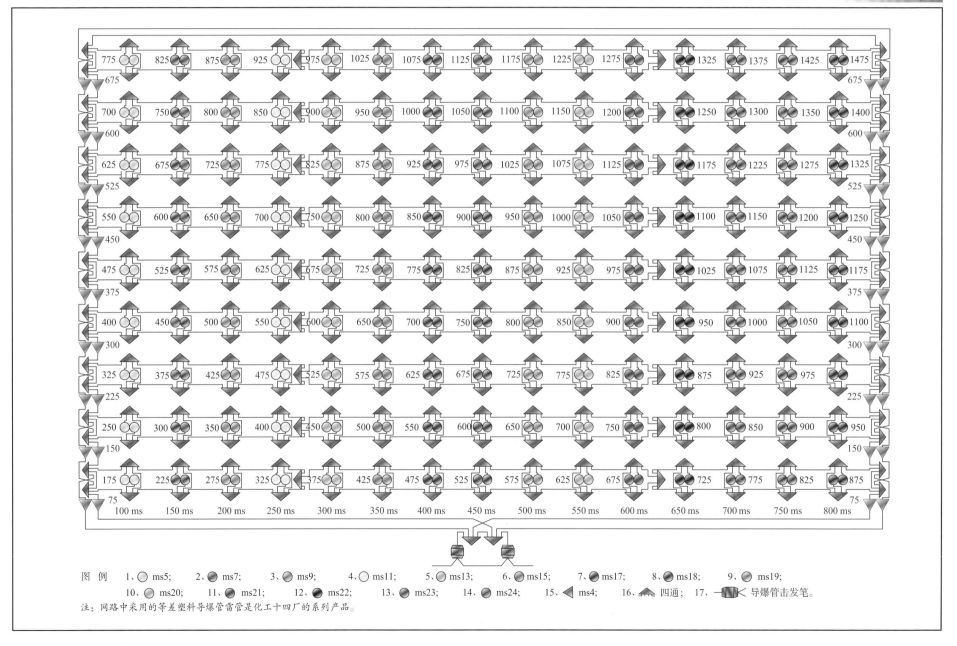

图 例 1、○ ms5; 2、● ms7; 3、● ms9; 4、○ ms11; 5、● ms13; 6、● ms15; 7、● ms17; 8、● ms18; 9、● ms19;

　　　10、● ms20; 11、● ms21; 12、● ms22; 13、● ms23; 14、● ms24; 15、◀ ms4; 16、⬆ 四通; 17、━▣◀ 导爆管击发笔。

注：网路中采用的等差塑料导爆管雷管是化工十四厂的系列产品。

起爆程序孔外控制回路将带保险回路的爆破主回路控制成与主临空面呈逐孔斜线毫秒延时全程单段多响导爆管起爆网路图谱

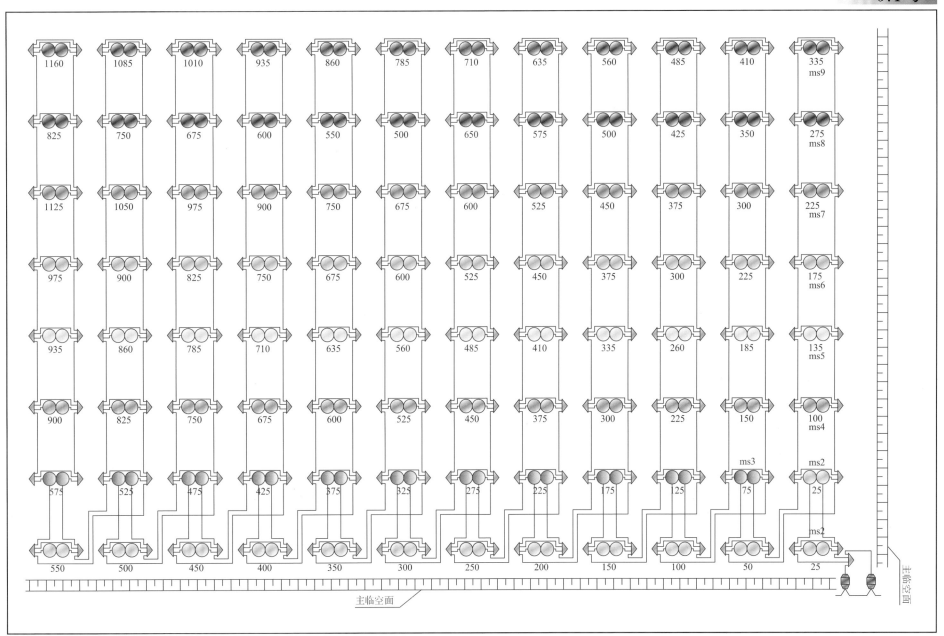

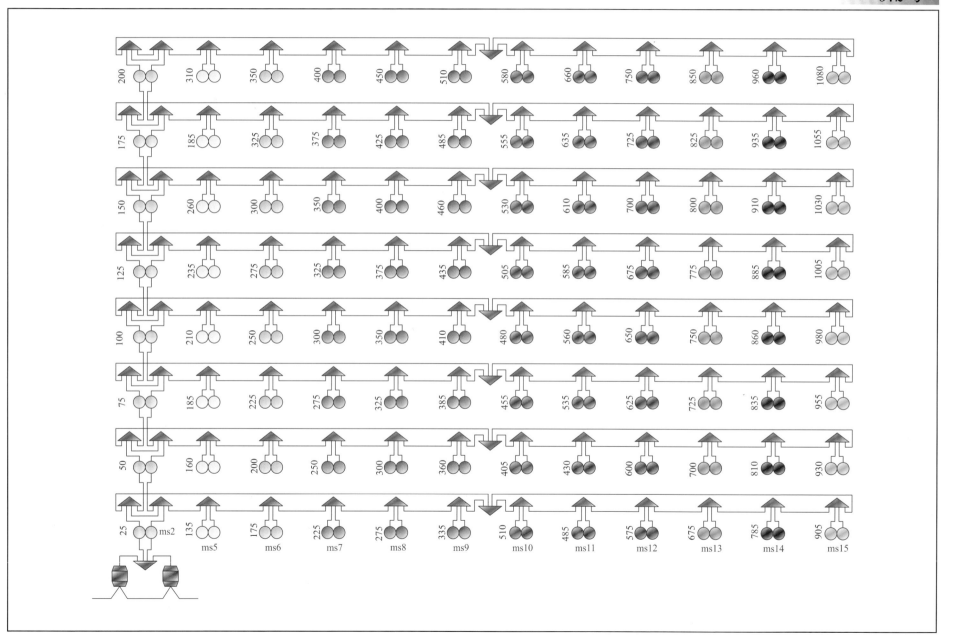

拉堑工程起爆程序孔内控制回路将带保险回路的爆破主回路控制成与主临空面呈 V 形毫秒延时全程单段双响导爆管起爆网路图谱

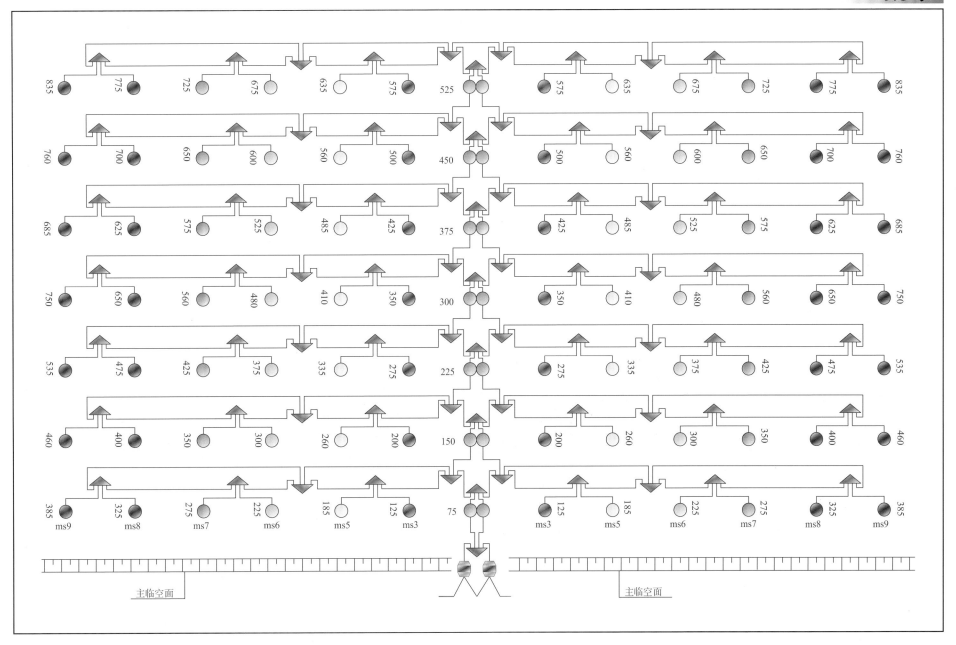

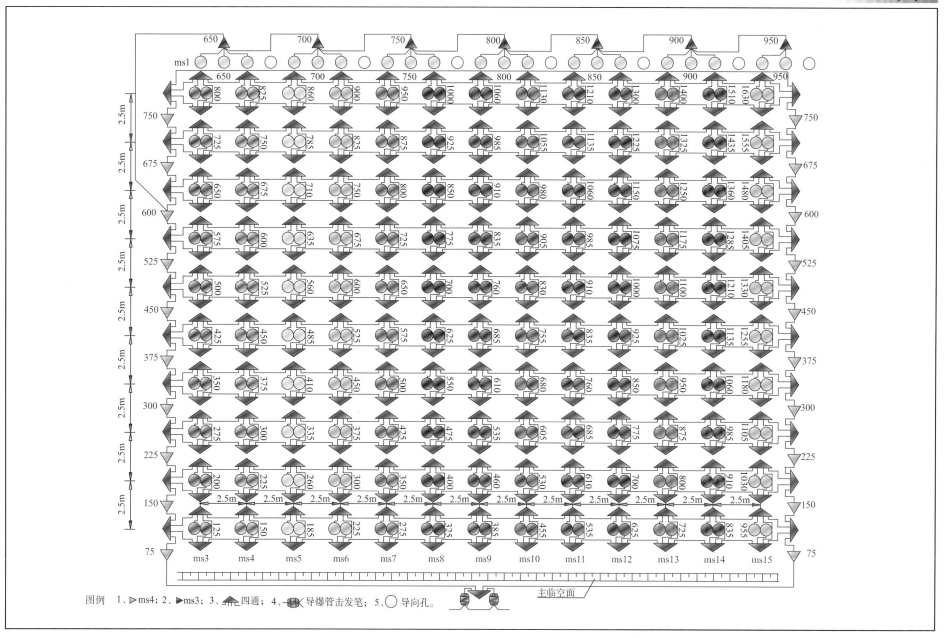

图例　1、▷ms4；2、▷ms3；3、四通；4、导爆管击发笔；5、○导向孔。

基坑开挖扩堑工程布孔与设有保险回路的孔外程控回路将爆破主回路控制成
与主临空面呈斜线毫秒延时全程单段单响导爆管起爆网路集成并貌图

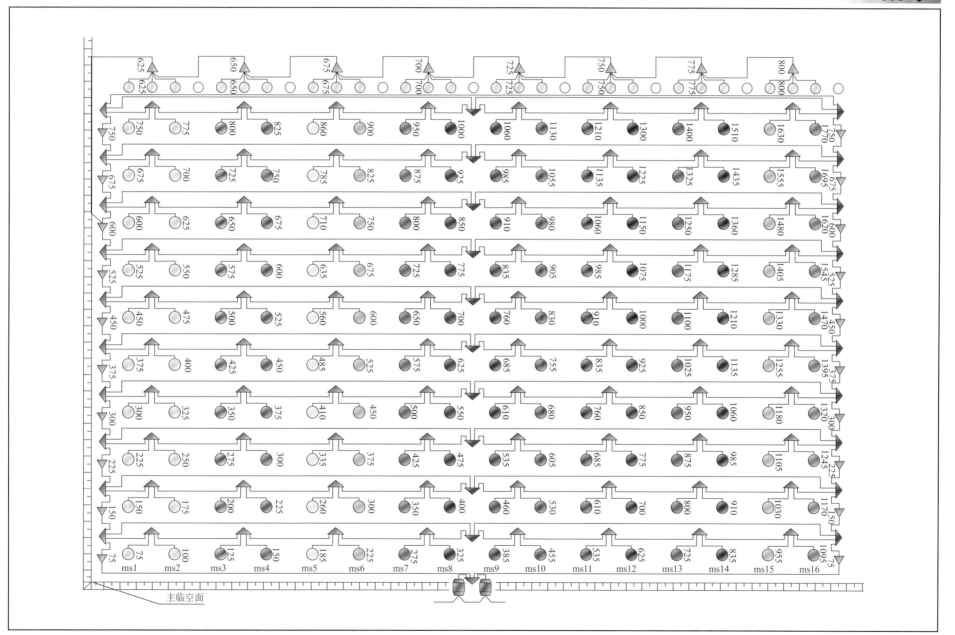

主临空面

扩堑工程起爆程序孔外控制回路将带保险回路的爆破主回路控制成与主临空面呈对角线毫秒延时全程单段单响导爆管起爆网路图谱

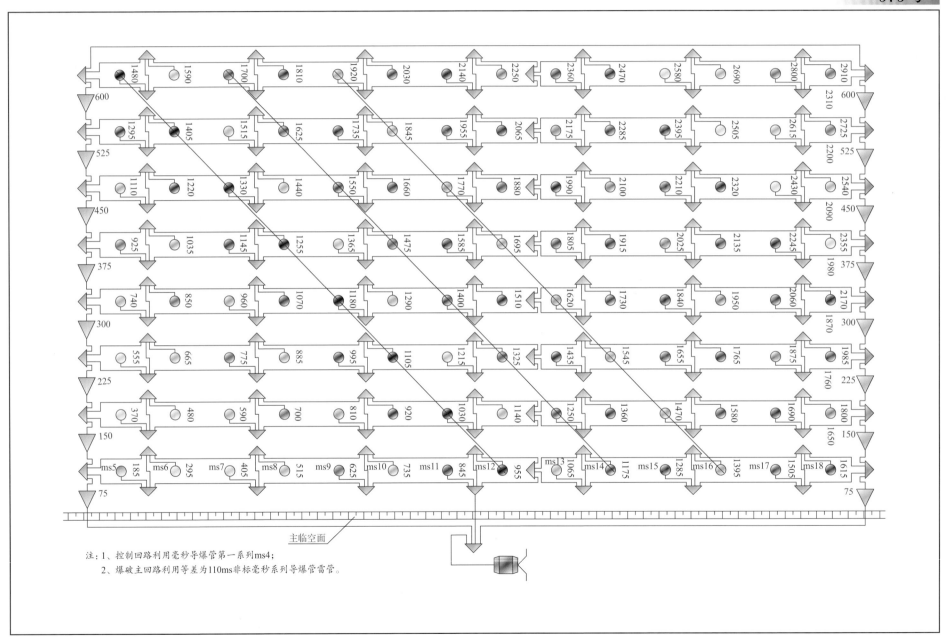

主临空面

注：1、控制回路利用毫秒导爆管第一系列ms4；

2、爆破主回路利用等差为110ms非标毫秒系列导爆管雷管。

扩堑工程起爆程序孔外控制回路将带保险回路的爆破主回路控制成与主临空面呈斜线毫秒延时全程单段单响导爆管起爆网路图谱

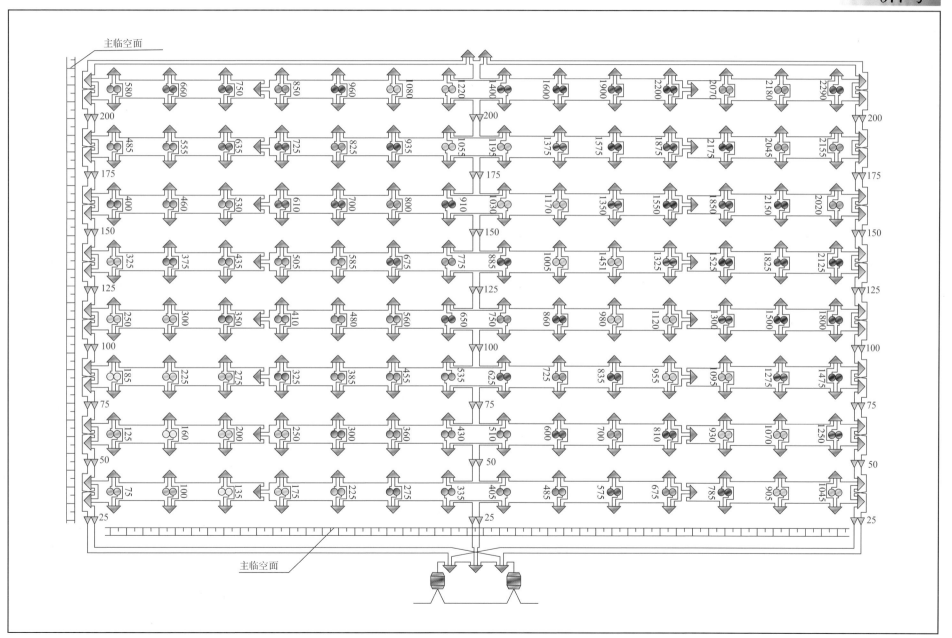

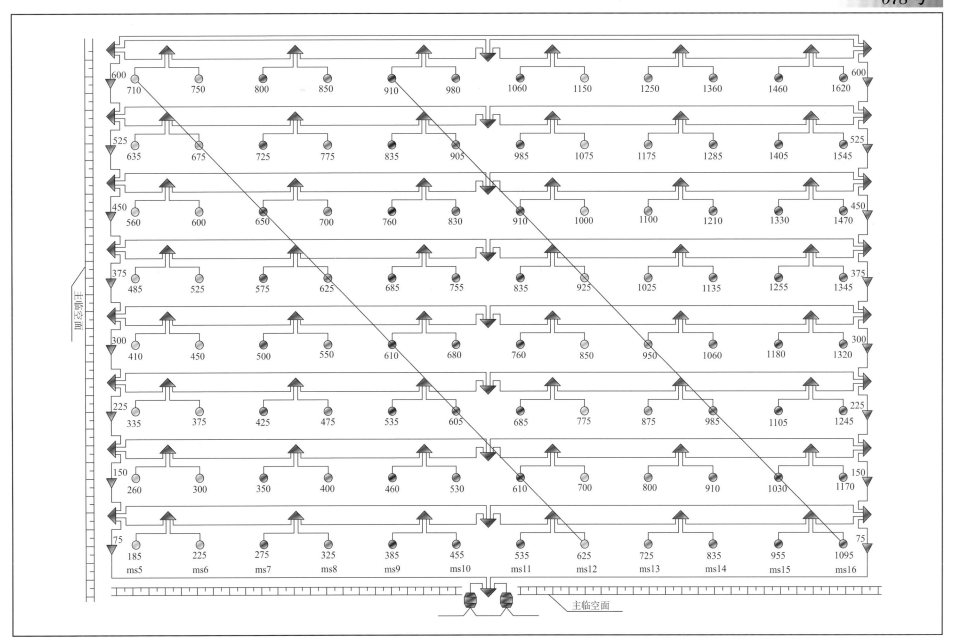

基坑开挖爆破工程拉堑沟炮孔配置与带保险回路的孔内外混合程控回路将爆破主回路匹配成与主临空面呈 V 形毫秒延时全程单段双响导爆管起爆网路集成并貌图

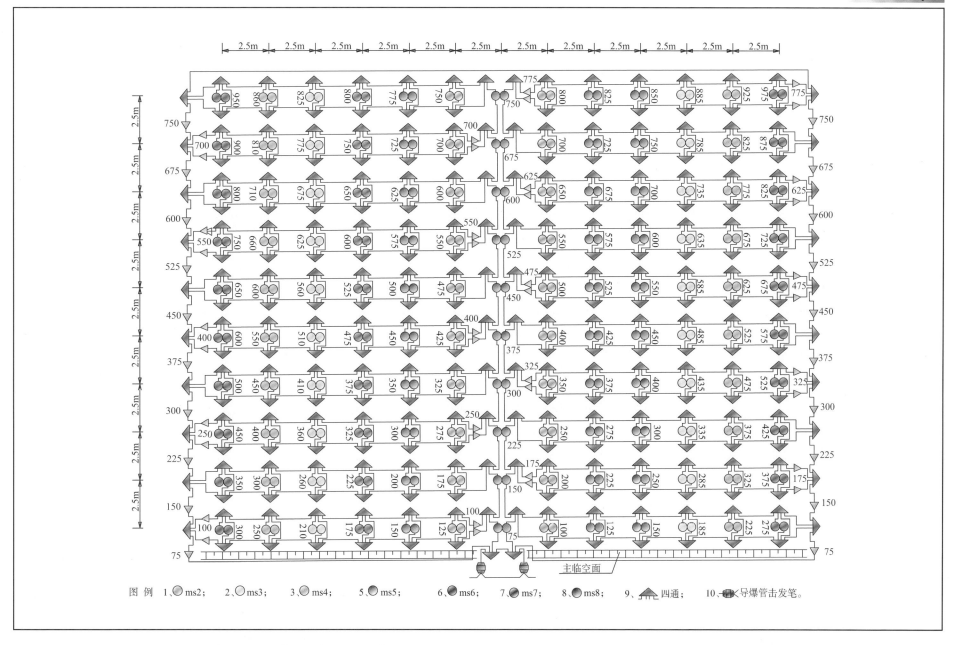

图 例　1、⚫ms2；　2、○ms3；　3、◐ms4；　4、◑ms5；　5、⬤ms6；　6、◓ms7；　7、◒ms7；　8、◔ms8；　9、▲四通；　10、⊔导爆管击发笔。

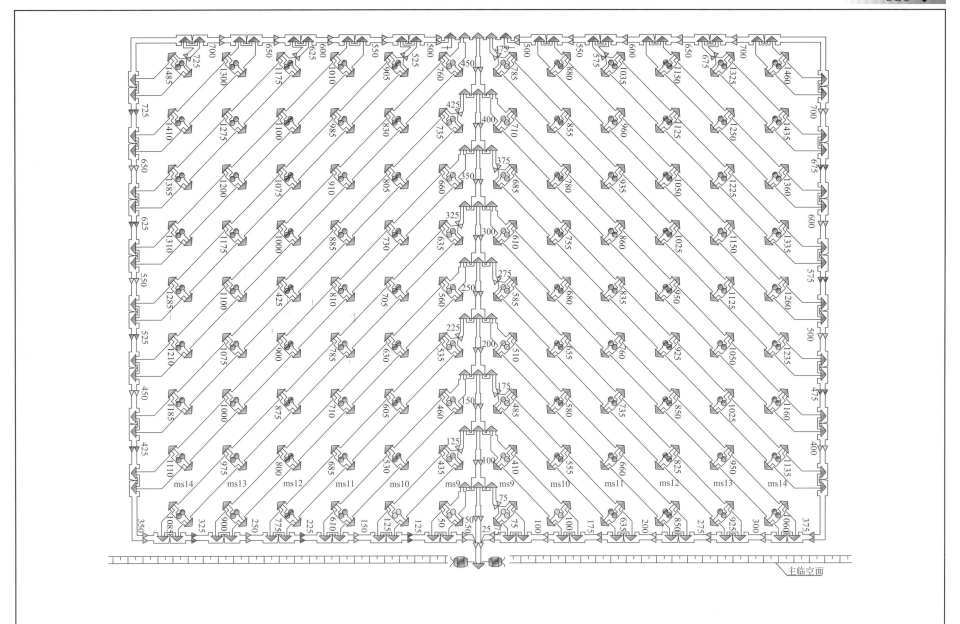

主临空面

扩堑工程起爆程序孔外控制回路将带保险回路的爆破主回路控制成与主临空面呈斜线

毫秒延时全程单段单响大型导爆管起爆网路图谱

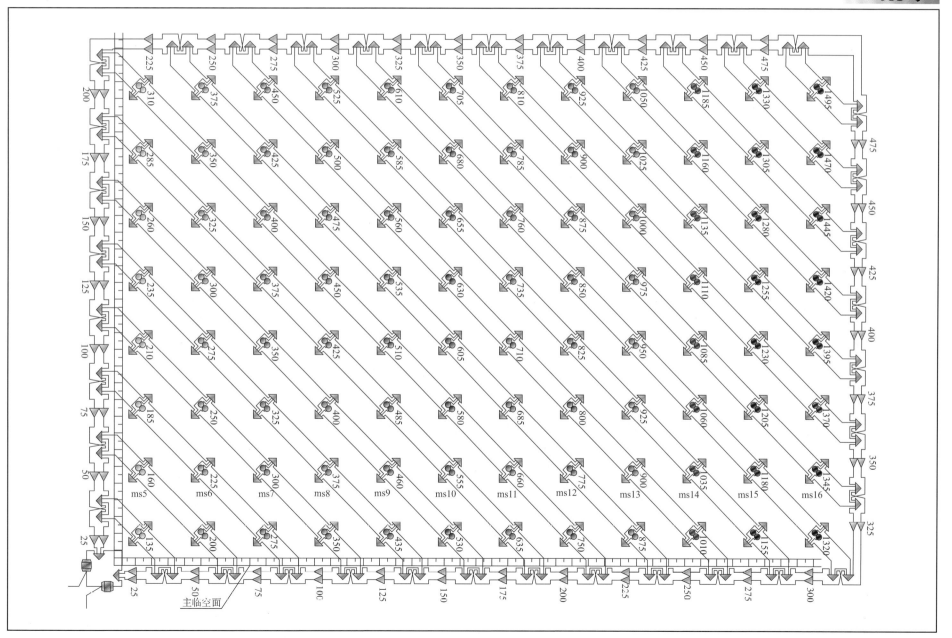

拉堑工程起爆程序孔外控制回路将带保险回路的爆破主回路控制成与主临空面呈V形毫秒延时全程单段单响导爆管起爆网路图谱

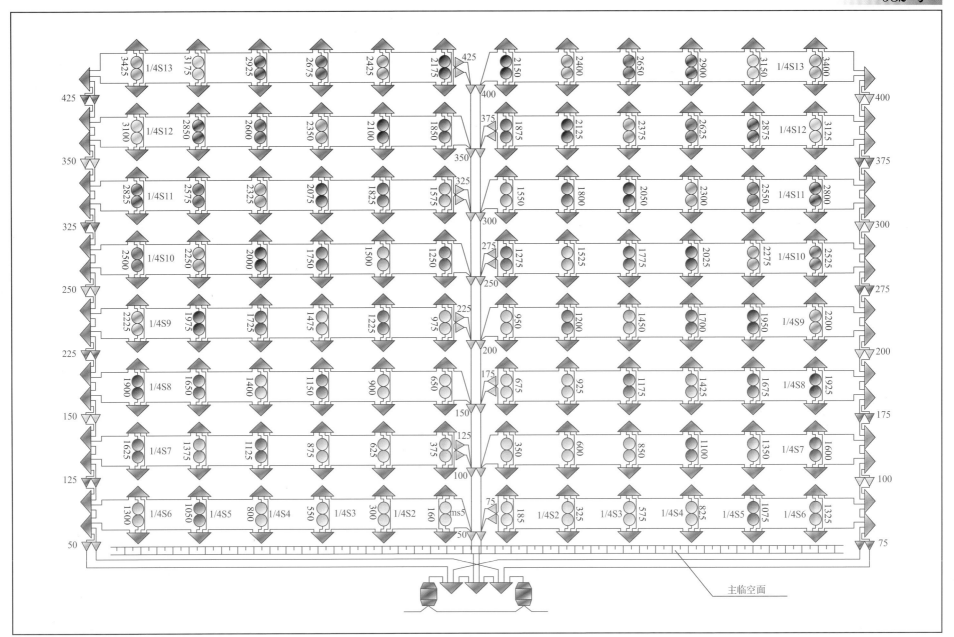

主临空面

拉堑工程起爆程序孔内外混合控制回路将带保险回路的爆破主回路控制成与主临空面呈 V 形

毫秒延时全程单段双响导爆管起爆网路图谱

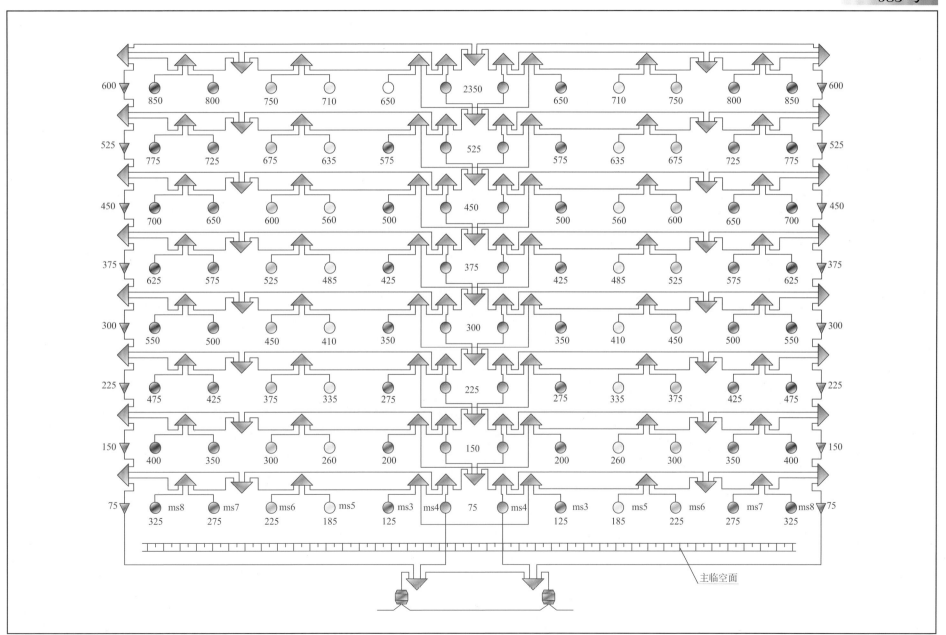

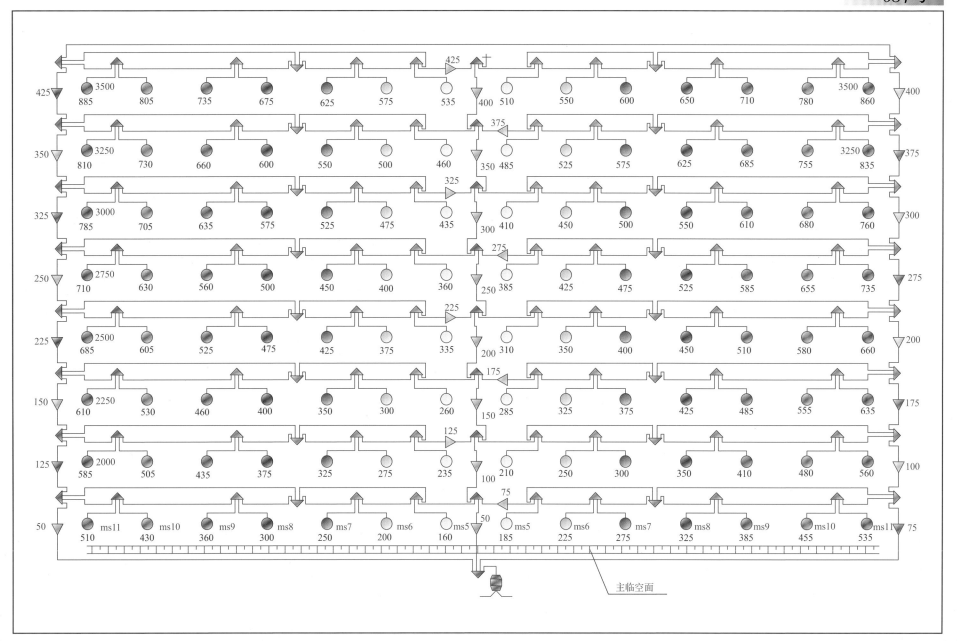

拉堑工程起爆程序孔外控制回路将带保险回路的爆破主回路控制成与主临空面呈斜线毫秒延时全程单段单响导爆管起爆网路图谱

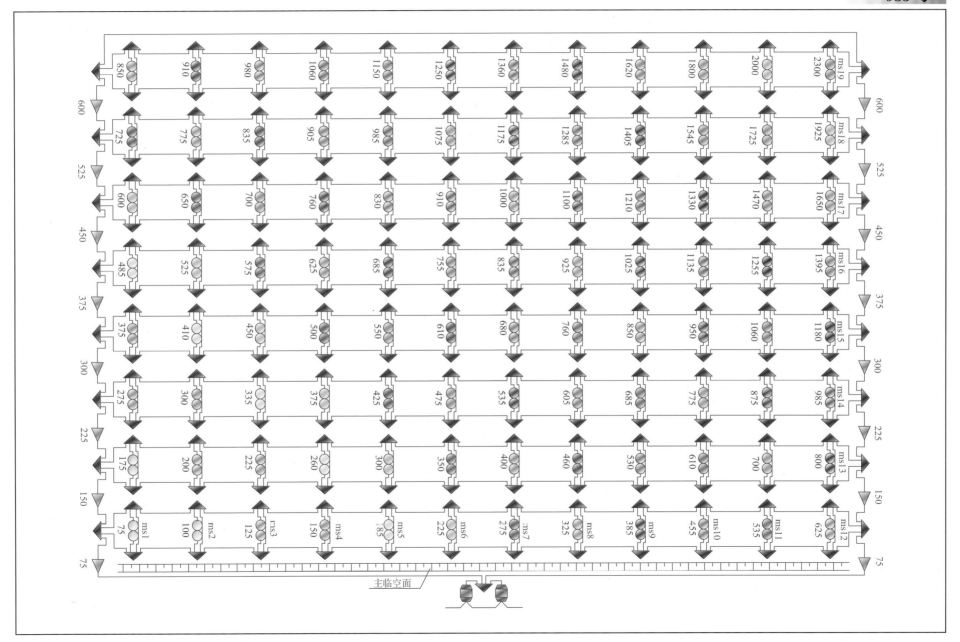

主临空面

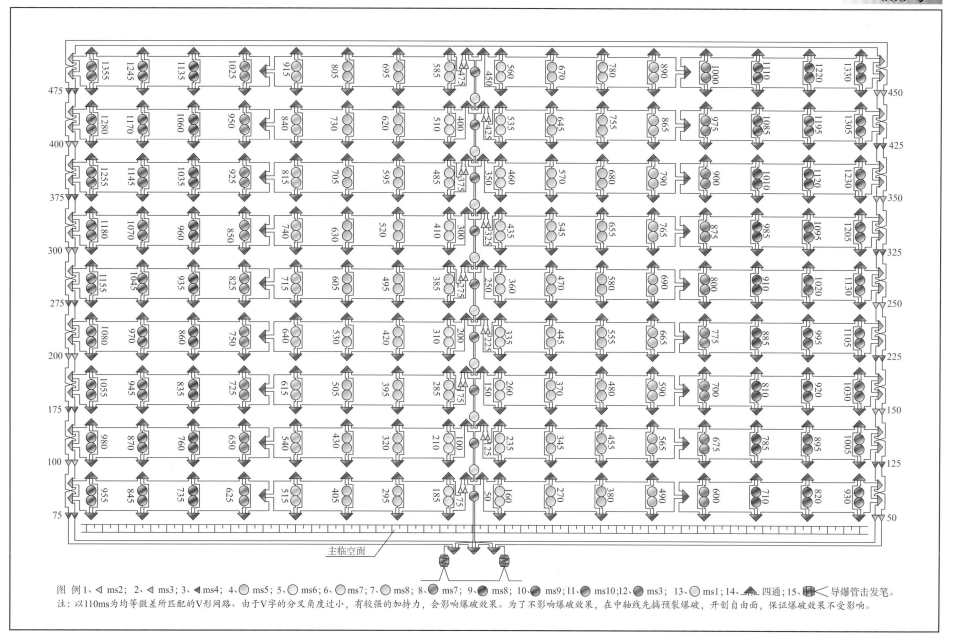

主临空面

拉堑工程起爆程序孔外控制回路将带保险回路的爆破主回路控制成与主临空面呈 V 形毫秒延时全程单段单响导爆管起爆网路图谱

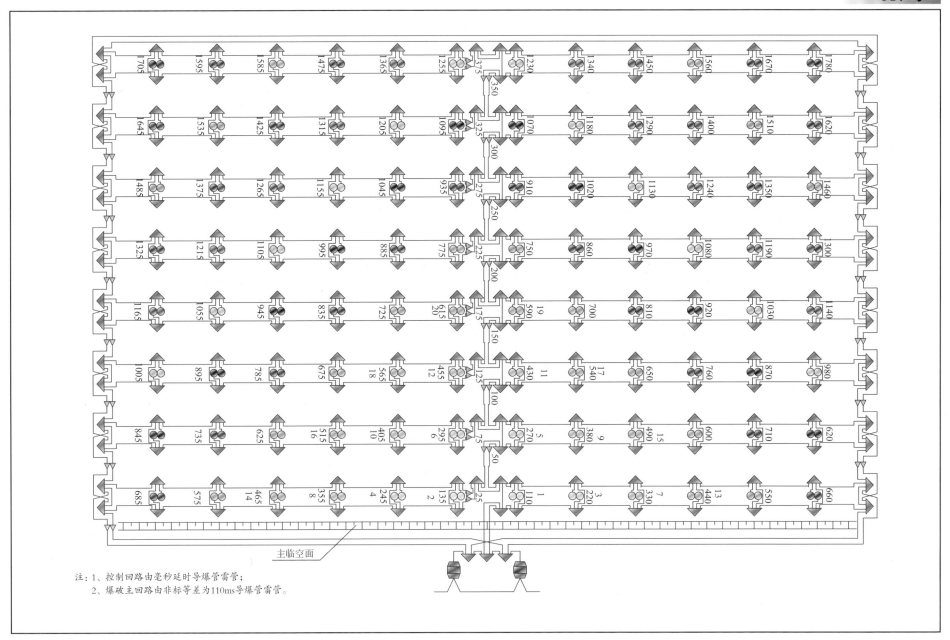

主临空面

注：1、控制回路由毫秒延时导爆管雷管；
　　2、爆破主回路由非标等差为110ms导爆管雷管。

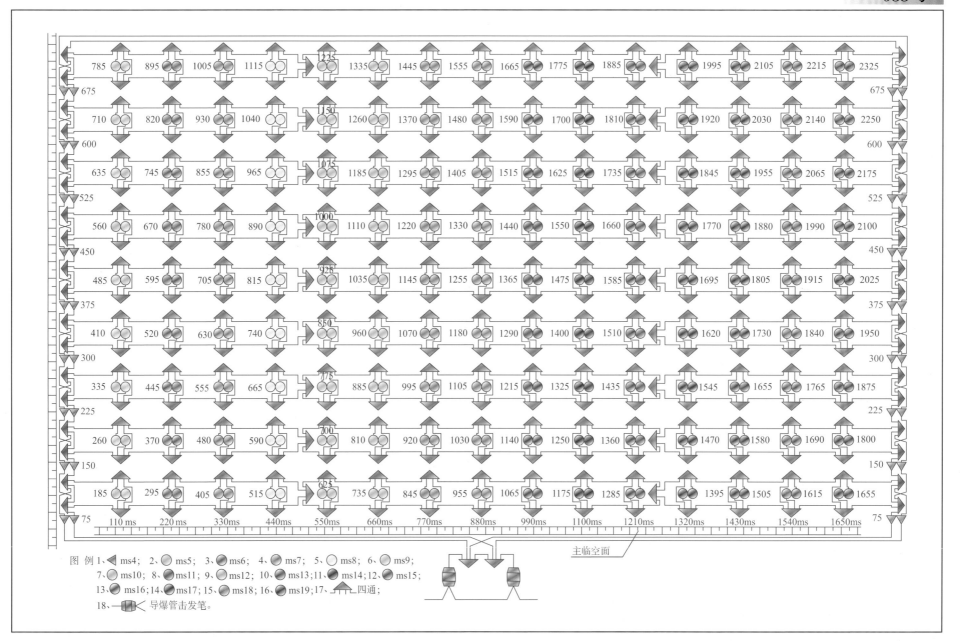

图例 1、◀ ms4; 2、◯ ms5; 3、◑ ms6; 4、◔ ms7; 5、◯ ms8; 6、● ms9;
7、◑ ms10; 8、● ms11; 9、◑ ms12; 10、● ms13; 11、● ms14; 12、◑ ms15;
13、◑ ms16; 14、● ms17; 15、◑ ms18; 16、● ms19; 17、⌂ 四通;
18、导爆管击发笔。

主临空面

拉堑工程起爆程序孔外控制回路将带设保险回路的爆破主回路控制成与主临空面呈 V 形

毫秒延时全程单段双响大型导爆管起爆网路图谱

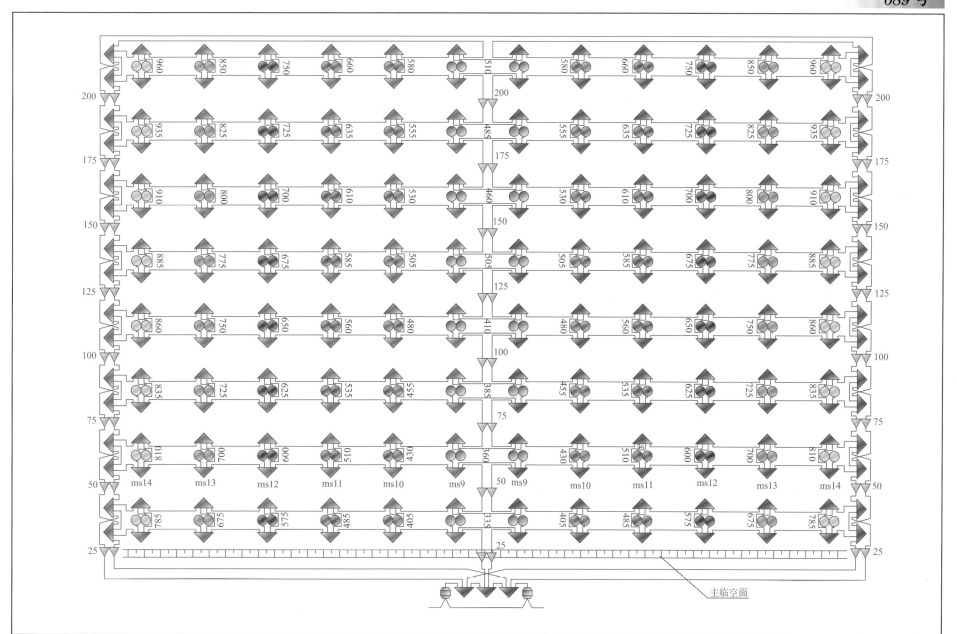

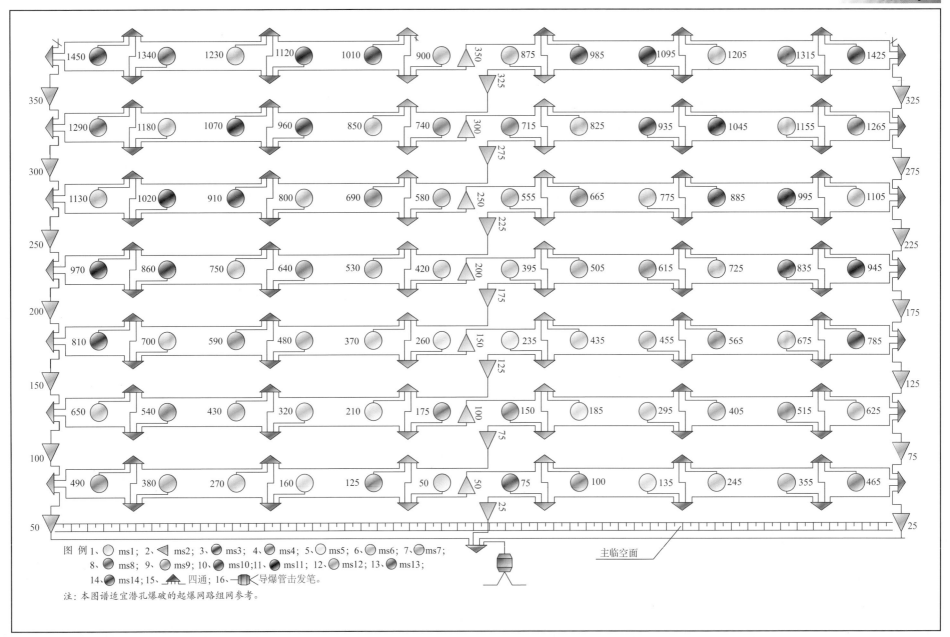

拉堑工程起爆程序孔内控制回路将带保险回路的爆破主回路控制成与主临空面呈斜线毫秒延时全程单段单响导爆管起爆网路图谱

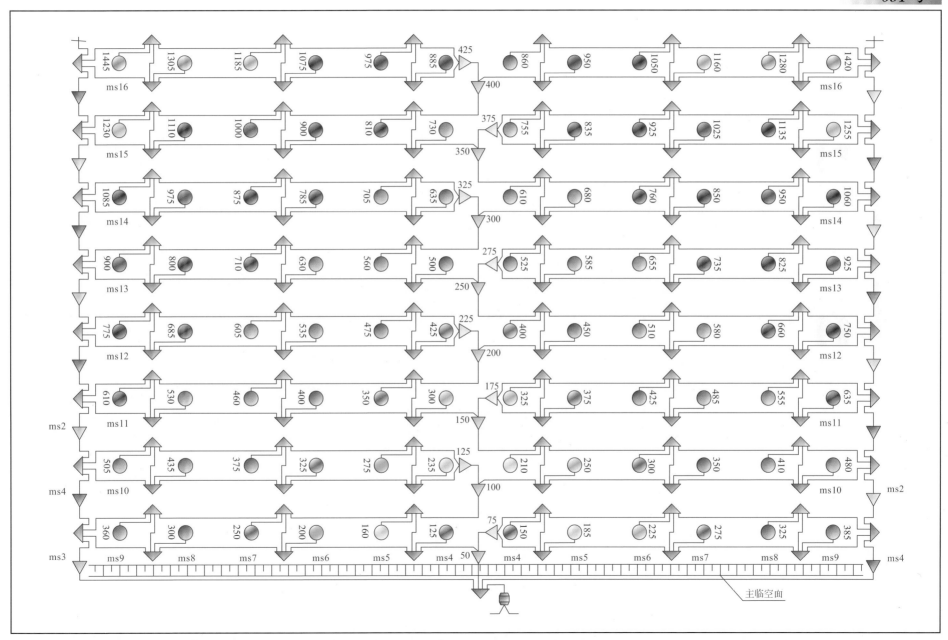

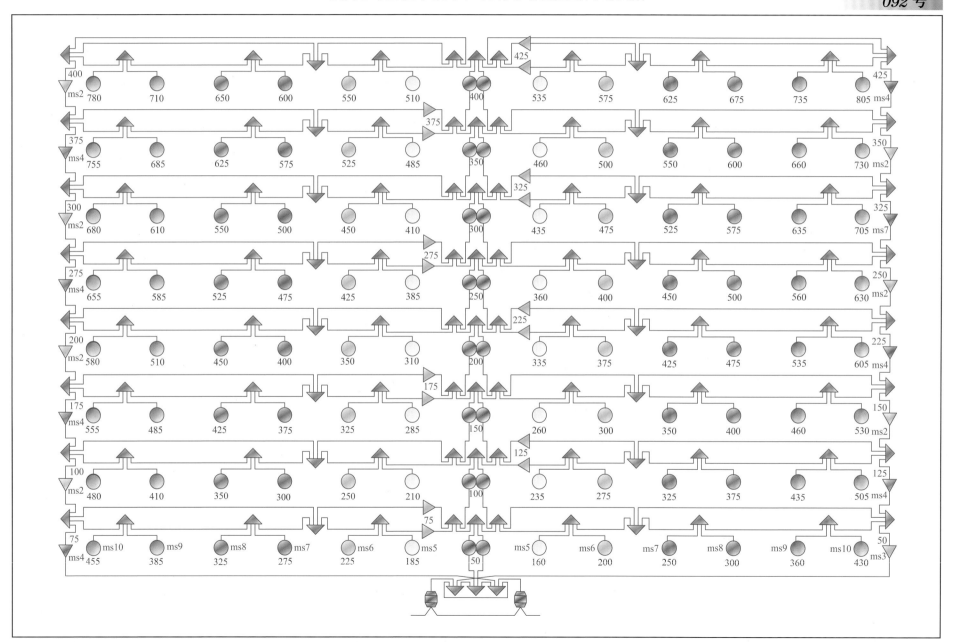

拉槽工程起爆程序孔内控制回路将带保险回路的爆破主回路控制成与主临空面呈 V 形毫秒延时全程单段双响导爆管起爆网路图谱

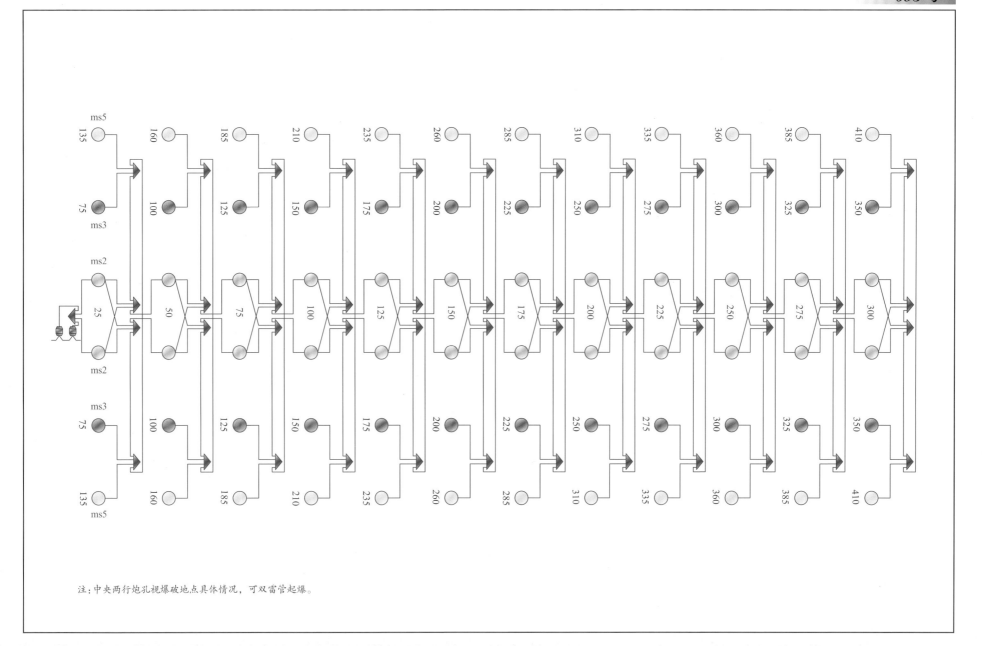

注：中央两行炮孔视爆破地点具体情况，可双雷管起爆。

拉槽工程起爆程序孔外控制回路将带保险回路的爆破主回路控制成与主临空面呈 V 形的毫秒延时全程单段单响导爆管起爆网路图谱

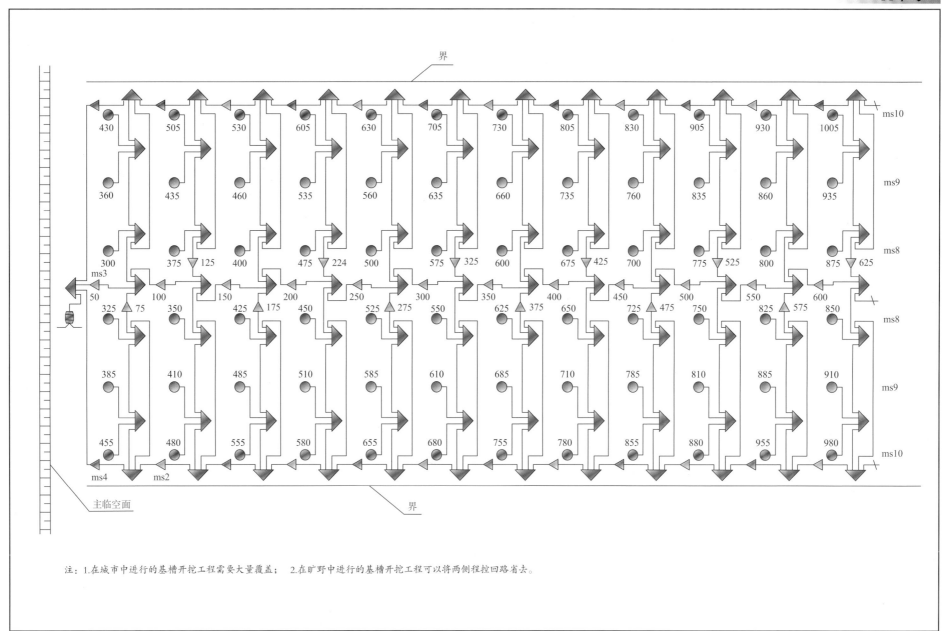

注：1.在城市中进行的基槽开挖工程需要大量覆盖；　2.在旷野中进行的基槽开挖工程可以将两侧程控回路省去。

西气东输工程京清线枣庄西集拉槽工程起爆程序孔内控制回路将带保险回路的爆破主回路
控制成与主临空面呈 V 形毫秒延时全程单段单响导爆管起爆网路图谱

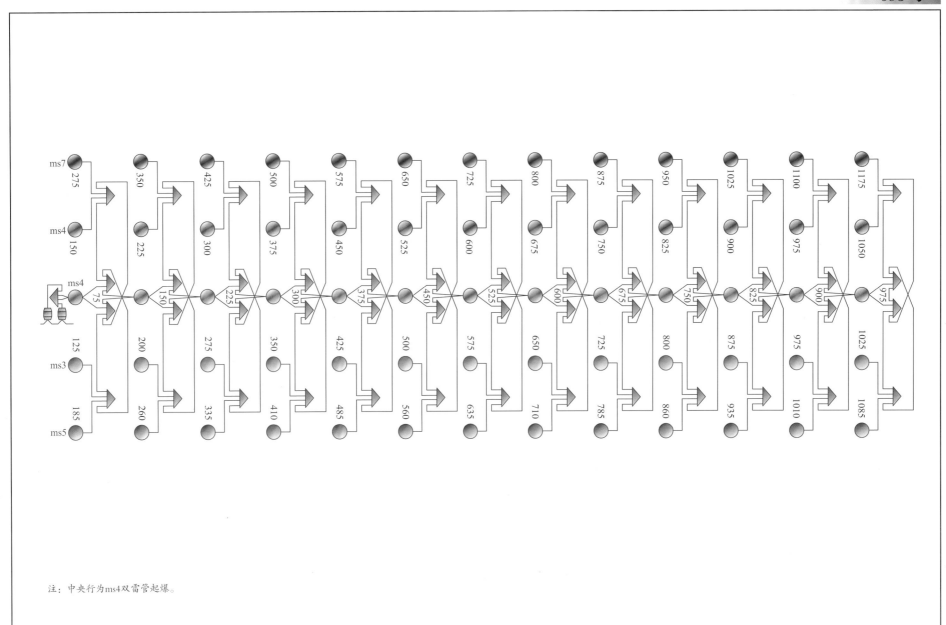

注：中央行为ms4双雷管起爆。

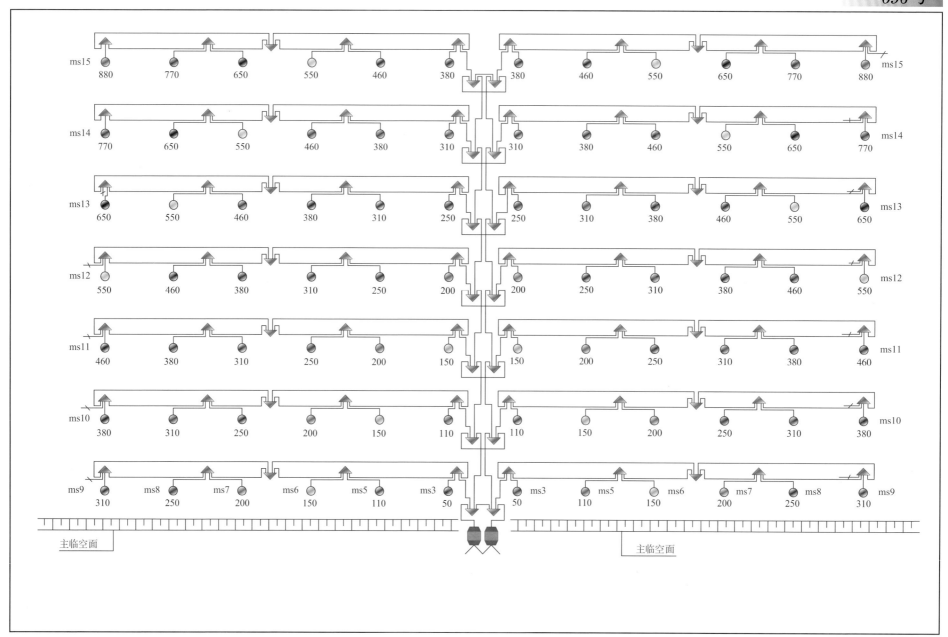

起爆程序无控制带保险回路导爆管四通将爆破主回路组联成与主临空面呈斜线毫秒延时全程单段多响导爆管起爆网路图谱

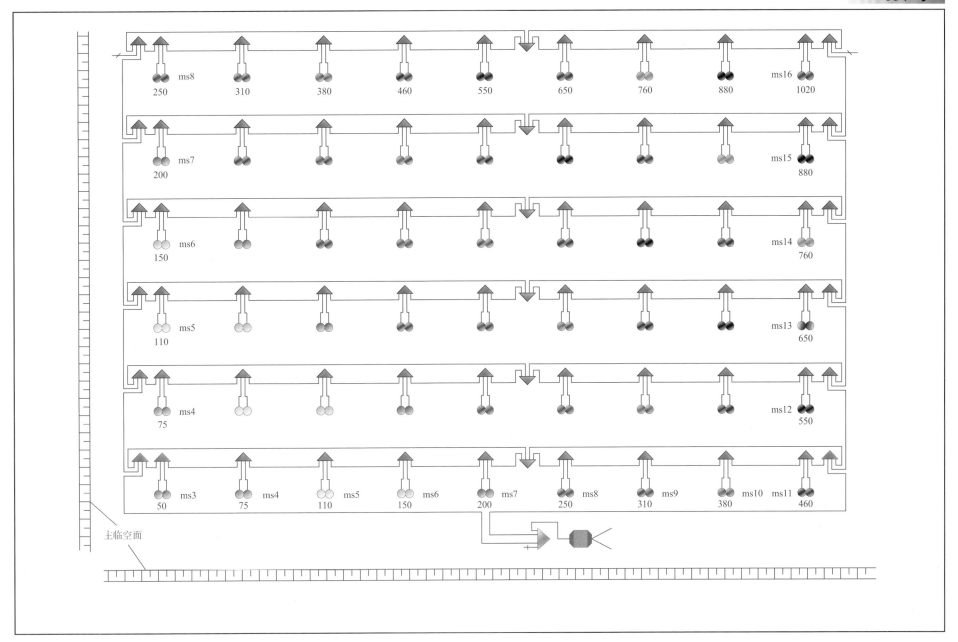

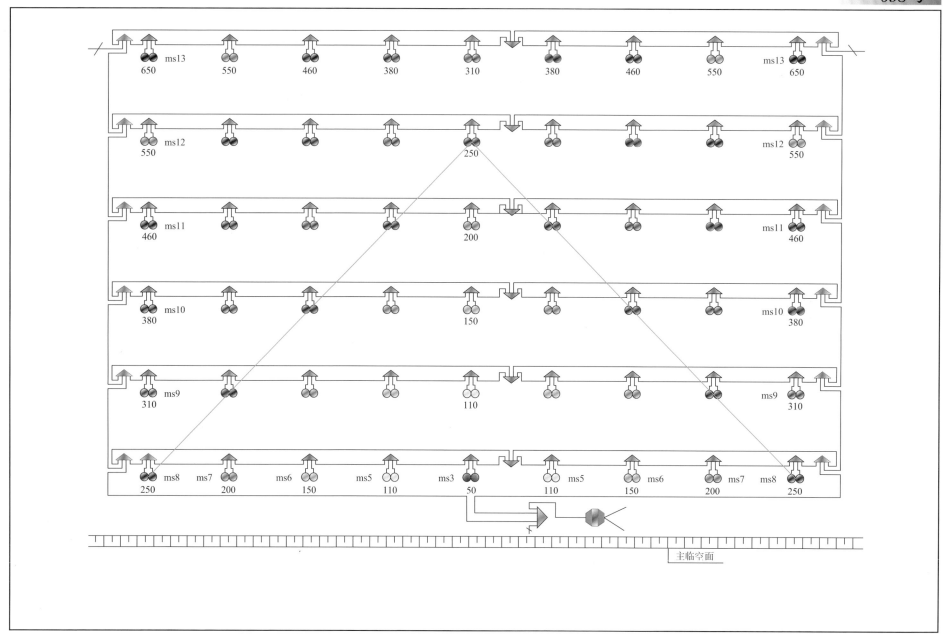

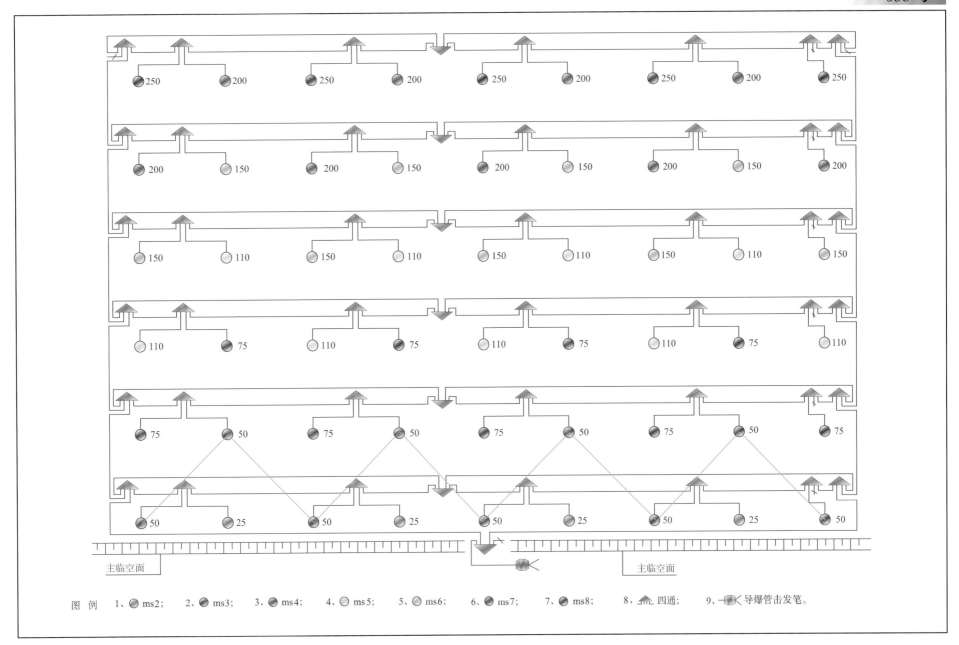

图例　　1、⬤ ms2；　2、⬤ ms3；　3、⬤ ms4；　4、⬤ ms5；　5、⬤ ms6；　6、⬤ ms7；　7、⬤ ms8；　8、⛰ 四通；　9、⬤ 导爆管击发笔。

起爆程序无控制带保险回路由导爆管四通将爆破主回路组联成与主临空面呈波浪式
毫秒延时全程单段多响导爆管起爆网路图谱

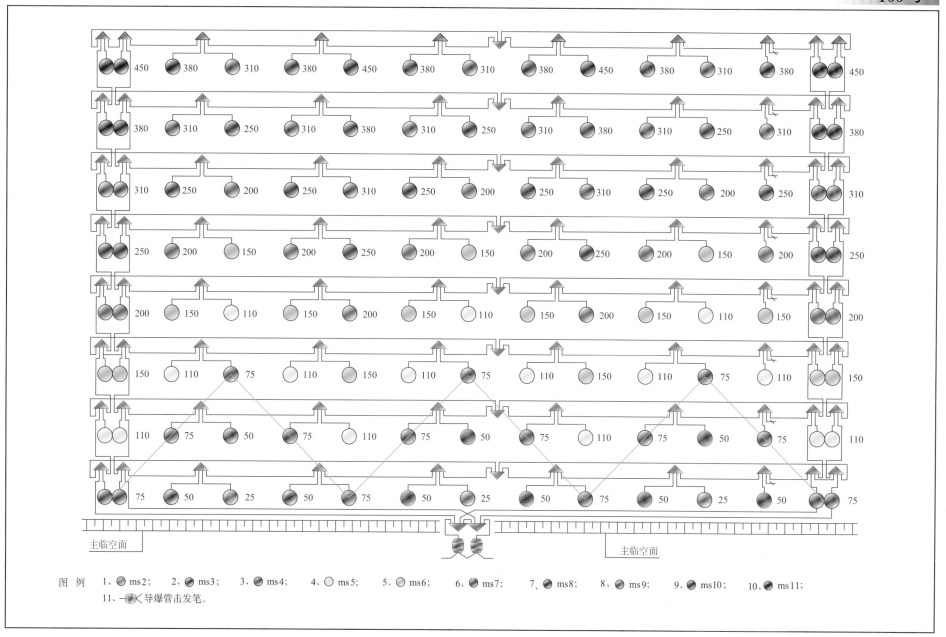

图 例　1、● ms2；　2、● ms3；　3、● ms4；　4、○ ms5；　5、● ms6；　6、● ms7；　7、● ms8；　8、● ms9；　9、● ms10；　10、● ms11；
　　　　11、—■く导爆管击发笔。

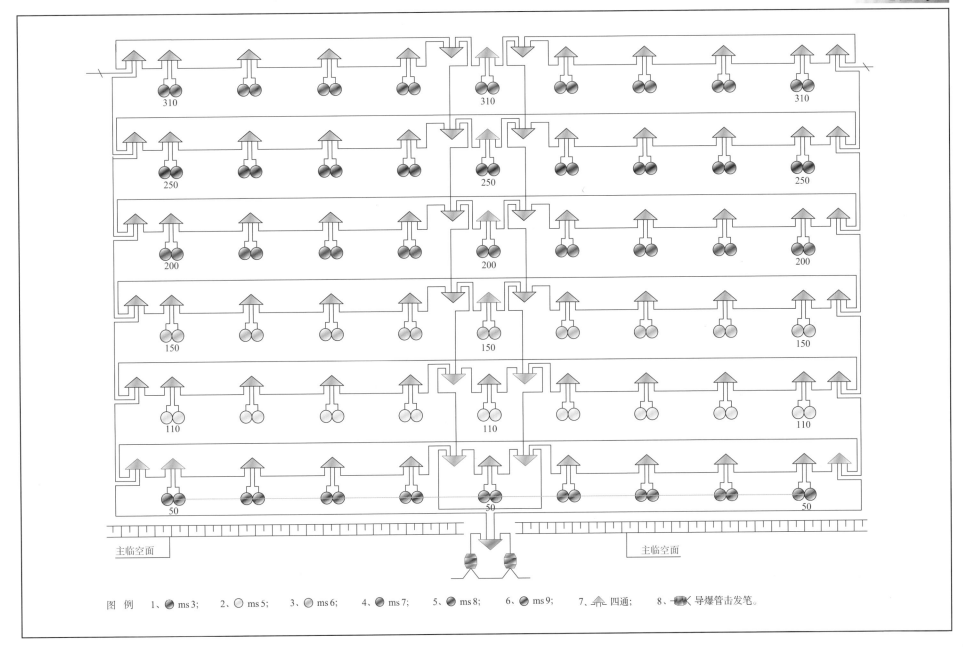

图 例　1、◐ ms 3;　　2、○ ms 5;　　3、◑ ms 6;　　4、◔ ms 7;　　5、◑ ms 8;　　6、◑ ms 9;　　7、△ 四通;　　8、导爆管击发笔。

框架结构与剪力墙交互结构的高楼爆破拆除工程采用导爆管雷管匹配的毫秒延时起爆网路图谱

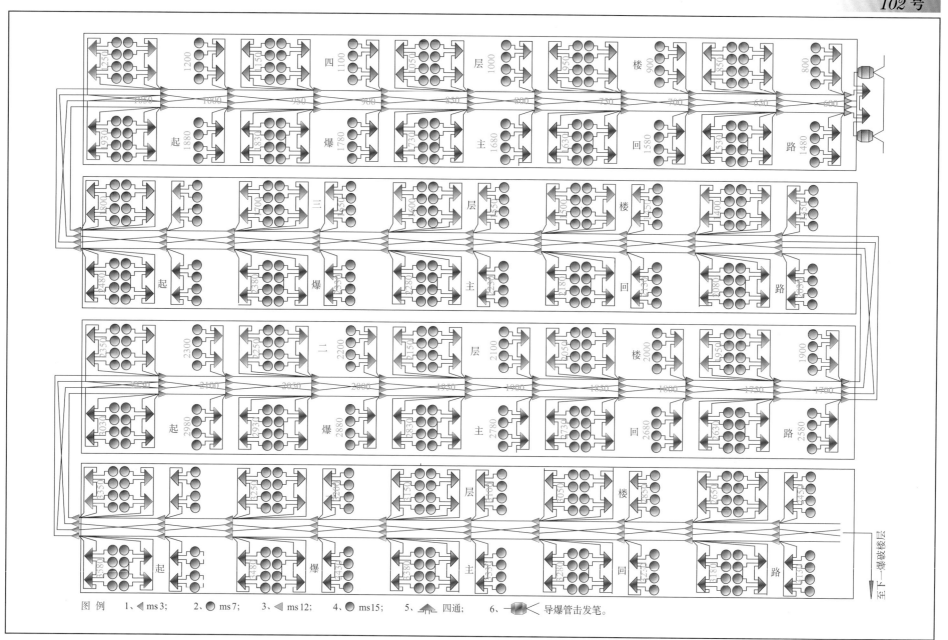

图例　1、◀ ms 3;　　2、● ms 7;　　3、◀ ms 12;　　4、● ms15;　　5、四通;　　6、导爆管击发笔。

钢筋混凝土桁架结构切割爆拆工程设保险回路的程控回路导爆管毫秒延时全程双响起爆网路图谱

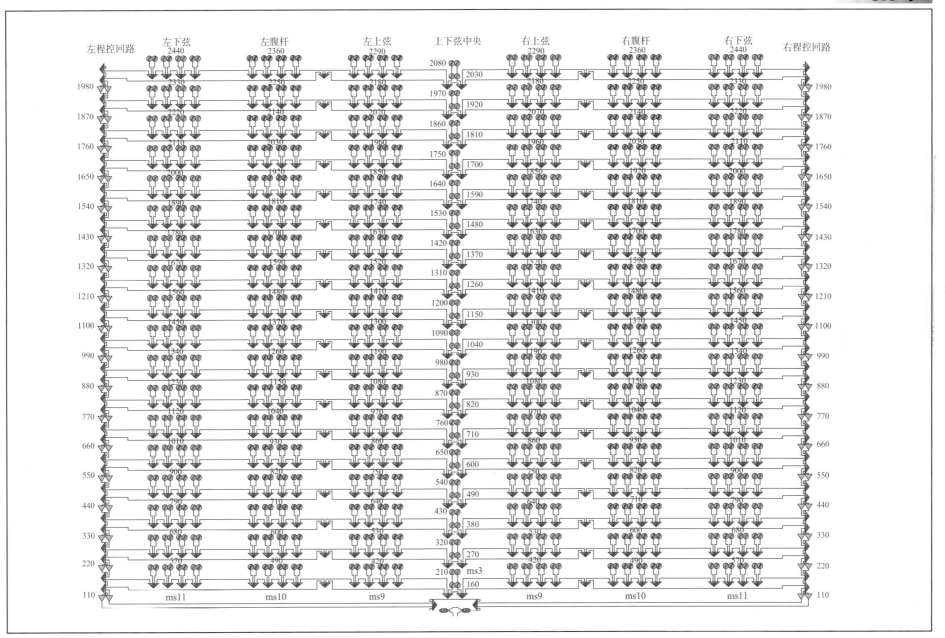

85m 高烟囱爆破拆除工程采用带保险回路无程控回路 V 形导爆管毫秒延时起爆网路图谱

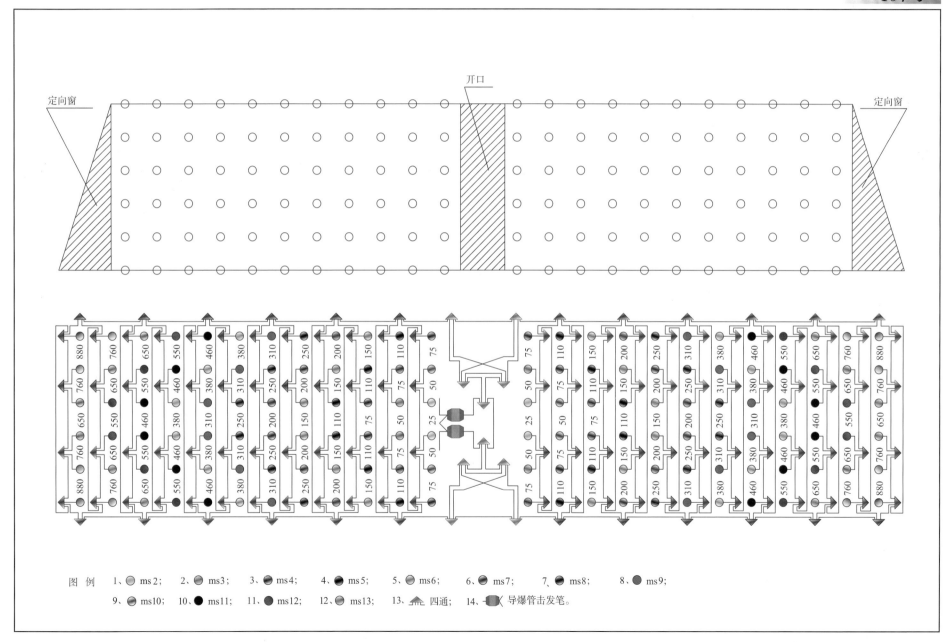

图 例 1、 ⬤ ms 2； 2、 ⬤ ms3； 3、 ⬤ ms 4； 4、 ⬤ ms 5； 5、 ⬤ ms6； 6、 ⬤ ms 7； 7、 ⬤ ms8； 8、 ⬤ ms 9；

9、 ⬤ ms10； 10、 ⬤ ms11； 11、 ⬤ ms12； 12、 ⬤ ms13； 13、 四通； 14、 导爆管击发笔。

安溪县旧铭选大桥爆拆工程设保险回路程控回路将爆破主回路控制成毫秒差起爆网路图

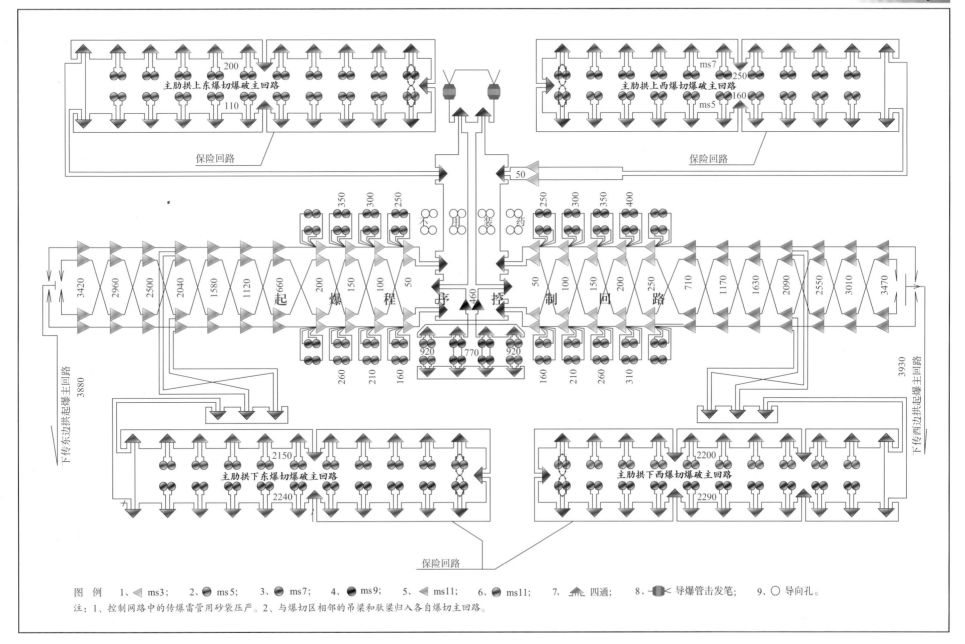

图 例 1、◀ ms 3; 2、● ms 5; 3、● ms 7; 4、● ms 9; 5、◀ ms 11; 6、● ms 11; 7、四通; 8、导爆管击发笔; 9、○ 导向孔。

注:1、控制网路中的传爆雷管用砂袋压严。2、与爆切区相邻的吊梁和驮梁归入各自爆切主回路。

安溪县旧铭选大桥爆拆工程两边拱的爆破主回路敷设施工图

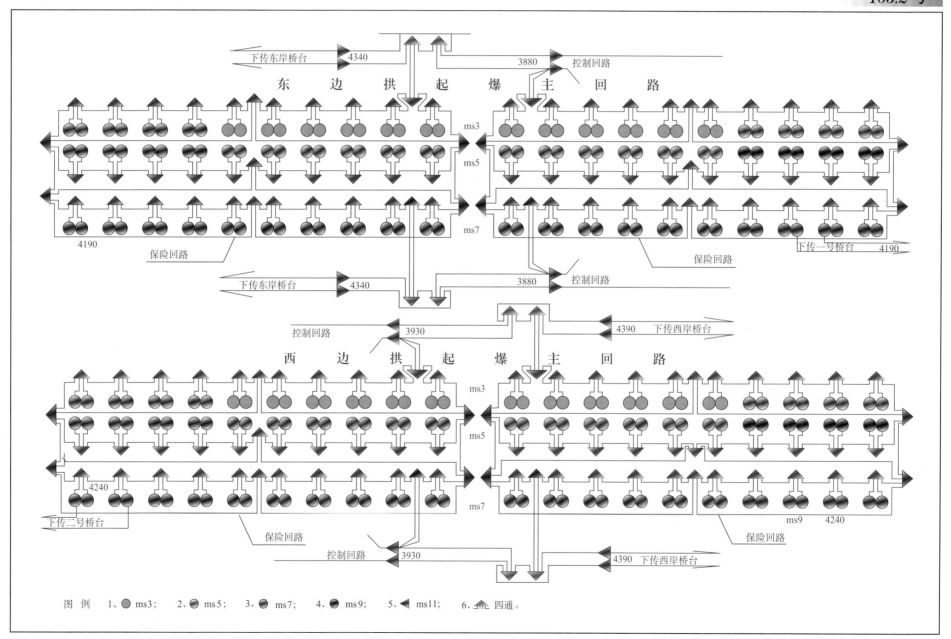

图 例　1、⬤ ms3；　2、⬤ ms5；　3、⬤ ms7；　4、⬤ ms9；　5、◀ ms11；　6、⬆ 四通。

安溪县旧铭选大桥爆拆工程桥墩与桥台起爆主网路图

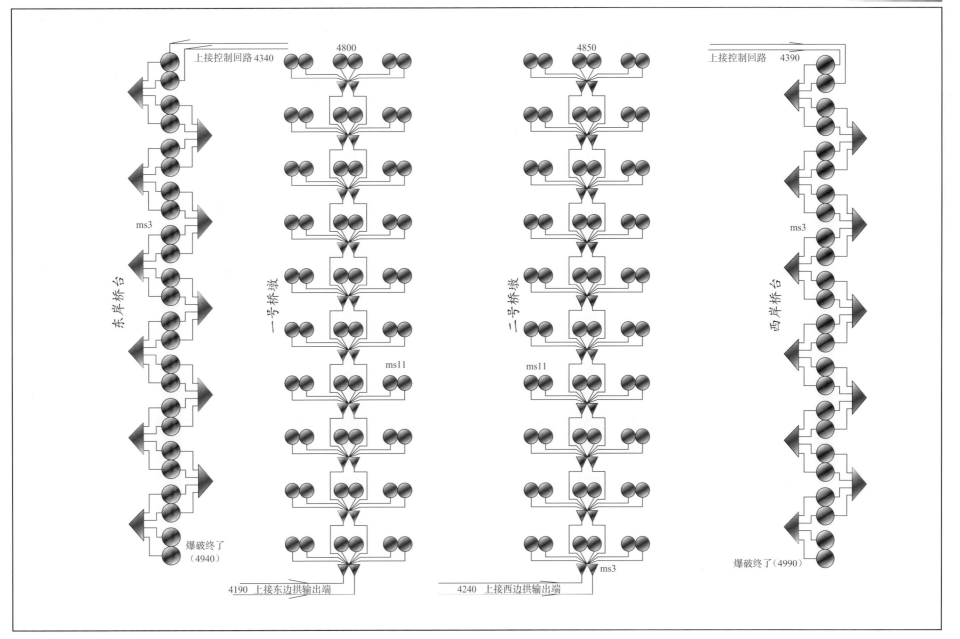

简支结构大桥爆破拆除工程采用四通将起爆主回路匹配成双复式毫秒延时导爆管起爆网路图

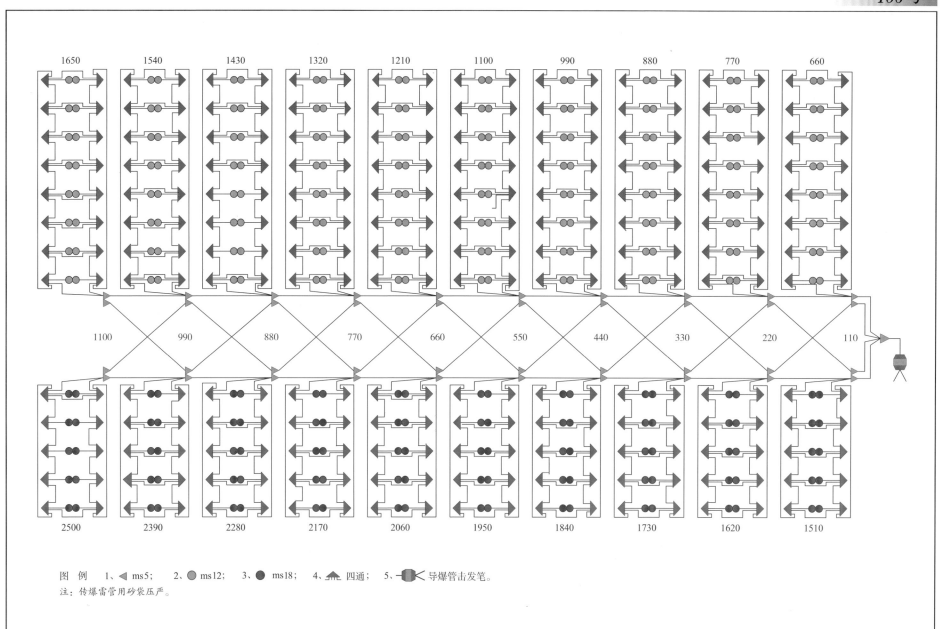

图 例　1、◀ ms5；　2、● ms12；　3、● ms18；　4、▲ 四通；　5、导爆管击发笔。

注：传爆雷管用砂袋压严。

泉州市南安洪濑大桥爆拆工程采用毫秒延期导爆管雷管匹配的双复式微差网路图

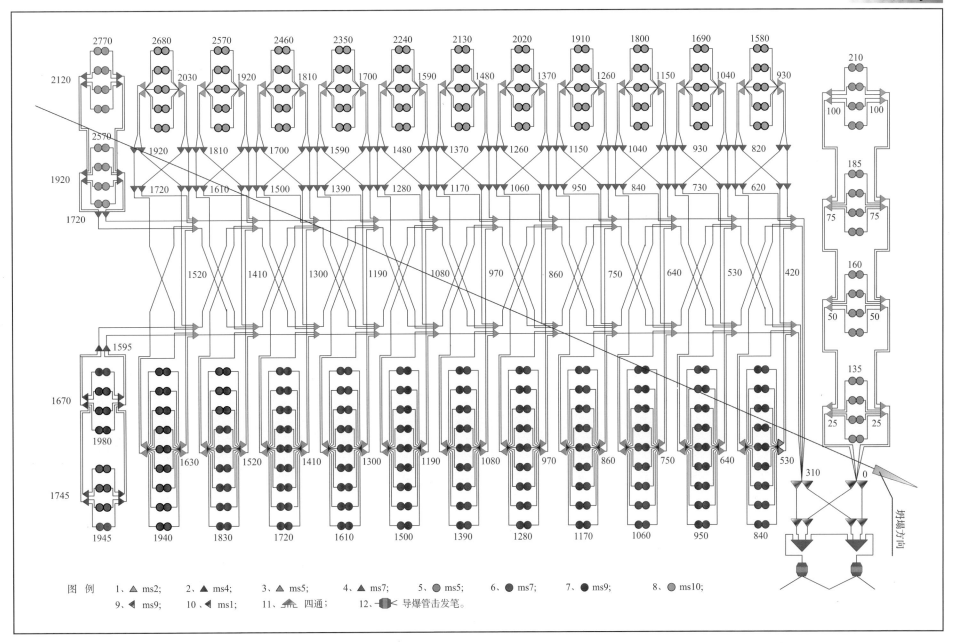

图 例　1、△ ms2;　2、▲ ms4;　3、△ ms5;　4、▲ ms7;　5、● ms5;　6、● ms7;　7、● ms9;　8、○ ms10;
　　　　9、◀ ms9;　10、◀ ms1;　11、四通;　12、导爆管击发笔。

热电厂冷却塔爆破拆除工程炮孔配置与毫秒延时导爆管起爆网路集成并貌图

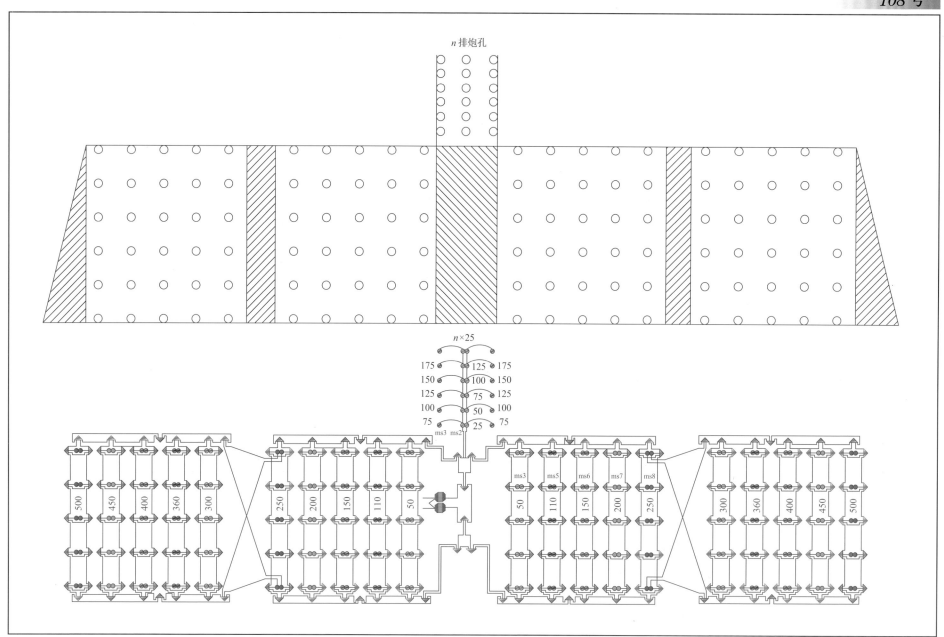